DER LEADER-MACHER

HARALD PSARIDIS

DER LEADER-MACHER

MIDAS MANAGEMENT VERLAG
ST. GALLEN • ZÜRICH

Der Leader-Macher
Führen statt Managen

ISBN 978-3-907100-91-2

Harald Psaridis:
Der Leader-Macher – Führen statt Managen
St. Gallen/Zürich: Midas Management Verlag, 2012.

Bibliografische Information der Deutschen Nationalbibliothek:
Die Deutsche Nationalbibliothek verzeichnet diese Publikation in der Deutschen Nationalbibliografie; detaillierte bibliografische Daten sind im Internet abrufbar über http://dnb.d-nb.de

Lektorat: Ute König und Bernhard Edlmann
Layout & Cover: Agentur 21
Titelfoto: Manfred Klimek

Printed in Germany

Verlagsanschrift:
Midas Management Verlag AG, Dunantstrasse 3, CH 8044 Zürich

Inhalt

Einleitung

Kein Mann kann eine Armee von hinten führen.
Er muss an der Front stehen ..., an der Spitze der Armee.
Er muss zu sehen sein, und der Effekt seiner Gedanken
und seiner persönlichen Energie muss für jeden Offizier
und jeden anwesenden Mann spürbar sein ...
General William T. Sherman

Willkommen zu Frontline Leadership!
Ich freue mich, dass Sie sich zum Kauf dieses Buches entschlossen haben. Sie werden auf den kommenden Seiten viele neue Dinge erfahren, die Ihre Meinung und Ihre Ansichten über das Thema Führung ein für allemal über den Haufen werfen.

Beim Schreiben dieses Buches war es mir besonders wichtig, Ihnen nicht nur Theorie an die Hand zu geben, sondern das wahrscheinlich effektivste Führungssystem der Neuzeit: ***Frontline Leadership.***

Mein Ziel ist es, Ihnen viele Aha-Effekte, interessante Einblicke und radikale, neue Ansichten zu bieten, die in der Praxis wirklich ***funktionieren.***

Meine mittlerweile fast 30-jährige Erfahrung als Führungskraft in einem international agierenden Finanzkonzern hat mir den Antrieb gegeben, mein gesammeltes Wissen für Sie aufzubereiten und ein System daraus zu schaffen, das Ihnen dabei helfen wird, Ihre Führungsqualitäten auf ein Level zu heben, das Sie sich bisher noch nicht einmal erträumt haben.

Das sind starke Worte und eine vollmundige Ankündigung für den Anfang eines Buches, ich weiß!

Aber glauben Sie mir: Trotz oder gerade wegen dieser Ankündigungen und Behauptungen kann ich mit Stolz sagen, dass jedes Unternehmen und jede Führungskraft, der ich bisher mein Frontline-Leadership-System zugänglich gemacht habe, neue Dimensionen in der Zielerreichung und Teamleistung zu verzeichnen hat.

Ich wünsche mir, dass Sie, wenn Sie dieses Buch am Ende zuklappen, nicht nur eine neue Meinung zum Thema Führung, sondern auch eine neue Lebenseinstellung haben, die für Sie in Zukunft das Leben nicht nur besser, sondern auch aufregender und befriedigender macht.

Denn egal, ob Sie Neueinsteiger oder alter Hase sind, ob Sie sich gerade in diesem Moment zum ersten Mal als Leader behaupten müssen, oder bereits Tausende von Menschen geführt haben: Frontline Leadership bringt diese Qualitäten noch einmal auf ein neues Niveau.

Eigentlich sollte dieses Buch ja zunächst von Piraten handeln. Ja, Sie haben richtig gehört! Von Piraten.

Zum einen löst der Begriff „Pirat“ das Bild eines Räubers aus, also einer gefährlichen Spezies Mensch, zum anderen lässt er auch ein Bild von Freiheit und Abenteuer entstehen. Wir sehen freie Menschen mit Werten, die auf der Suche nach einem großen Schatz sind und eine niemals endende Reise voller Abenteuer und Begeisterung.

Wir sehen aber auch Zusammenhalt, bedingungsloses Vertrauen und einen Kodex, der über allem steht und der in jeder Situation wichtiger ist als das eigene Leben oder die eigene Gier. Über dieser geschichts- und geschichtenträchtigen Situation steht immer die Vorstellung eines Menschen, der unseren größten Respekt verdient: der Kapitän. Dieser Kapitän ist nicht nur Führungskraft aufgrund seiner theoretischen Qualifikation oder Erbe eines Titels …

Er ist ein echter Leader, eine starke Führungsperson, die im Mittelpunkt des Geschehens agiert, voranschreitet und zu hundert Prozent Verantwortung für die Siege und Niederlagen übernimmt. Wenn der Kapitän sich zurücklehnt und nur noch delegiert, dann droht ihm eine Meuterei; wenn er die Schätze hebt, wird ihm Ruhm und Reichtum zuteil, und die Aufgabe, die Schätze gerecht zu verteilen. Er ist für meine Begriffe ein echter Leader und kommt damit sehr nah an meine Philosophie von einer perfekten Führungskraft heran.

Aber auch wenn Sie mit Piraten und Kapitänen gar nichts anfangen können, werden Sie in diesem Buch viele neue Erkenntnisse über Führung und vor allem auch viel über sich selbst lernen. Denn jeder Prozess in diesem Bereich beginnt immer in einem selbst. Nur wer in der Lage ist, sich selbst zu führen und sich auch führen zu lassen, der wird auf lange Sicht in dieser Position so bestehen können, wie ich es mir für Sie wünsche. Denn für mich ist Leadership nicht einfach „führen" oder „bestimmen, was getan wird".

Leadership ist für mich eine Lebenseinstellung und das Streben nach außergewöhnlichen Leistungen in einer Gruppe von Menschen, die das gleiche Ziel verfolgen.

Leadership ist für mich der gemeinsame Gedanke, ein Zugehörigkeitsgefühl und die Dynamik eines Teams, das eine zentrale Person braucht, die mutig und ohne Zögern voranschreitet und die aktiv die Führung übernimmt.

Vielleicht ist Ihnen aufgefallen, dass ich mehrmals den Begriff „echter Leader" verwendet habe. Das tue ich ganz bewusst, denn ich bin überzeugt davon, dass viele Führungskräfte und theoretische Leader in Firmen gar keine sind. Denn wer den ganzen Tag hinter dem Schreibtisch sitzt, nur organisiert und delegiert, ist kein Leader, sondern höchstens ein Manager.

Auf die Definitionen komme ich gleich im ersten Teil noch einmal zurück, im Moment geht es mir darum, dass Sie einen „Möchtegern-Leader“ von einem „echten Leader“ unterscheiden können.

Leider finden wir in europäischen Unternehmen viel zu wenige echte Leader, und vor allem viele Möchtegern-Leader, die zwar in der Theorie Leadership praktizieren, praktisch jedoch massiv scheitern.

Sicherlich kennen auch Sie in Ihrer Firma auf jeder Hierarchiestufe mehrere Beispiele von Personen, die über keinerlei Führungsqualitäten verfügen und bei denen man sich nach kurzer Beobachtung fragt, wieso diese Leute eigentlich in einer solchen Position zu finden sind.

Sie kennen sicherlich auch den ein oder anderen „echten Leader“, eine Person, die nur durch ihre bloße Anwesenheit dafür zu sorgen scheint, dass alle Dinge rund laufen. Wenn diese Person den Raum betritt, erntet sie sofort Respekt und Akzeptanz, die Menschen folgen ihr und in jeder Situation werden Ergebnisse erzielt oder ein Problem wird gelöst. Warum das so ist und wie Sie selbst zu einem solchen Leader werden, dem man gerne folgt und der Ergebnisse produziert, davon handelt dieses Buch.

Gehen Sie die dafür notwendigen Schritte, beherzigen Sie das Frontline-Leadership-System, und der Rest passiert von allein. Sobald Sie mit der richtigen Einstellung und den richtigen Werkzeugen arbeiten, erkennen sowohl Sie selbst als auch andere Ihre ungeahnten Fähigkeiten und Qualitäten, die Ihre Führung komplett verändern. Jetzt und in Zukunft.

Dabei wünsche ich Ihnen viel Erfolg und Begeisterung.

Ihr Harald Psaridis

TEIL I

Die richtige Einstellung zum erfolgreichen Leadership

Was ist Frontline-Leadership?

Im ersten Kapitel möchte ich mit den traditionellen und klassischen Methoden des Leadership aufräumen und in gewisser Weise auch abrechnen, denn viele verstehen den Begriff Leadership komplett falsch.

Das Schlimme daran ist: Sie verstehen den Begriff nicht nur falsch, sondern sie geben ihn auch noch falsch an zukünftige Generationen von Führungskräften weiter, die dann diesen Teufelskreis immer wieder neu in Gang setzen.

Aus diesem Grund tun sich auch viele Führungskräfte so schwer damit, ihre Aufgaben wie Zielerreichung und den Aufbau von Gewinnerteams zu schaffen. Der Grund dafür ist einfach: Sie sind selbst kein Teil der Gruppe.

So unbegreiflich das klingt, aber in der Realität verhält es sich häufig so: Eine Führungskraft versucht, von außen mit viel Druck und anderen Mitteln eine Gruppe von Menschen dazu zu bewegen, etwas zu tun. Dies geschieht meist aus einer schwachen Situation heraus ohne Akzeptanz und ohne Rückhalt derer, die „den Job" eigentlich machen sollen.

Aber Frontline Leadership ist anders.
Es ist Führung „von vorne", das heißt, die Führungskraft ist der zentrale, dem Team vorbildhaft vorangehende und akzeptierte Punkt, der mit hoher Eigeninitiative und hoher Kompetenz eine Art Sogwirkung erzeugt, die wiederum die Motivation und Initiative der Mitarbeiter so weit anheizt, dass ein echtes Erfolgsteam entsteht, in dem jeder seine Rolle kennt und mithelfen möchte, das vorgegebene, gemeinsame Ziel zu erreichen.

Darum geht es beim Leadership: Es geht ***nicht*** darum, ein tolles Team zu bilden, ***nicht*** darum, von den Mitarbeitern akzeptiert und gemocht zu werden, und auch ***nicht*** darum, besondere Arbeitsleistungen zu erbringen.

Das alles hilft, um das übergeordnete Ziel zu erreichen, um das es eigentlich geht: ***das Ergebnis!***

Denn Ergebnisse sind die Grundlage dafür, dass es Leadership überhaupt gibt. Wenn Ergebnisse nicht wichtig oder nebensächlich wären, dann würde jeder einfach tun, worauf er Lust hat, und jeder wäre glücklich.

Diese Grundannahme geht jedoch leider im Alltag vieler Unternehmen einfach unter und das gewünschte Ergebnis scheint zu sein, dass die Führungskraft möglichst wenig und die Mitarbeiter möglichst viel tun.

Aber so funktioniert das System nicht.
Leadership ist ein Geben und Nehmen, ein regelrechtes Spiel mit zwischenmenschlichen Beziehungen, mit Höhen und Tiefen, das immer den Fokus auf das Ziel, das Ergebnis behalten sollte.

Und wenn Sie das nächste Mal eine Entscheidung treffen müssen, in der Ihre Leaderqualitäten gefragt sind, dann denken Sie einen Moment lang darüber nach, wie Ihre perfekte Antwort auf die Frage lauten würde, was das Beste wäre, um das gewünschte Ergebnis so schnell und sicher wie möglich zu erreichen.

Denn dann wird häufig aus einem „Das macht der Herr Maier“ ein „Das mache ich mit meinem Team, bis in fünf Tagen haben wir eine Lösung, versprochen!“

Ein echter Leader muss Verantwortung übernehmen und manchmal auch einen Schritt aus der Komfortzone heraus tun. Wie Sie sehen werden, ist die Belohnung dafür ungleich höher, und es lohnt sich, manchmal über seinen eigenen Schatten zu springen.

Frontline Leadership ist schnell, progressiv und hocheffektiv, nicht mehr und auch nicht weniger. Es ist zugegebenermaßen auch ein wenig radikal und frech, das stimmt.

Aber alle großen Erfindungen und revolutionären Gedanken waren zunächst etwas „anders“ als die altbekannten, standardisierten Meinungen, und ich bin überzeugt, dass Sie Ihren Führungsjob viel befriedigender und erfolgreicher erledigen als je zuvor, wenn Sie die Inhalte in diesem Buch für sich verinnerlicht haben.

Der Name „Frontline Leadership“ ist dadurch entstanden, dass ich die Hälfte meines Lebens auf der Suche nach einem Führungssystem war, das nicht nur theoretisch, sondern auch zu hundert Prozent in der Praxis funktioniert. Dann habe ich mich umgesehen und mir überlegt, wo Führung einen besonders großen Stellenwert hat, und bin in einem System fündig geworden, in dem es um viel mehr geht als um Geld und Ruhm – in einem System, wo eine einzelne Entscheidung über Leben und Tod richtet, und wo jede Fehlentscheidung Hunderte von Menschenleben kosten kann: dem Militär. Während ich mich eingehend mit der Führungslehre des Militärs beschäftigte, machte ich Bekanntschaft mit vielen interessanten Ansätzen, die ich in mein persönliches Repertoire aufnehmen wollte.

Aber für wen ist dieses System überhaupt gedacht? Ist das nicht etwas Martialisches und nur für Männer geeignet?

Diese Frage wird mir oft gestellt, wenn ich über „Frontline Leadership“ spreche, aber genau das Gegenteil ist der Fall! Denn dieses System ist immer dann am stärksten und am wirksamsten, wenn wir den allgemein herrschenden Druck und das „Chefsein“ einmal weglassen und uns ansehen, wie

Führung eigentlich funktioniert. Ich spreche hier von Sog anstatt von Druck, ein Sog, der Ergebnisse bewirkt, die Sie sich bisher wahrscheinlich noch nicht einmal vorstellen konnten. Dieses Buch ist zwar sehr „männlich" geschrieben, eignet sich aber nicht nur für Männer, sondern für jeden, der Lust hat, seine Führungsqualitäten massiv zu verbessern.

Folgende beiden Begriffe definieren für mich das System:

Frontline: Die Frontlinie eines Heers oder eines Teams, an dem die Entscheidung über Sieg oder Niederlage fällt.

Leadership: Die Fähigkeit einer Führungskraft, Menschen zu gewinnen, die ihrem Vorbild folgen. Ein Leader begleitet seine Mitarbeiter auf dem Weg, leitet sie an, das Gleiche zu tun wie er selbst, um sie danach in die Selbstständigkeit zu entlassen.

Meiner langjährigen Erfahrung nach erfüllt ein guter Leader vor allem folgende Voraussetzungen:

Er muss die Sache selbst können.
Er muss sie anderen beibringen können.
Er muss bereit sein, als Vorbild voranzugehen.
Er muss die entscheidende Aufgabe erkennen und selbst präsent durchführen.

Oft werden beispielsweise in unserem normalen geschäftlichen Umfeld Scheinentscheidungen getroffen, die letztendlich ins Leere laufen. Insbesondere in der Politik vergeht kein einzelner Tag ohne folgendes Szenario:

Partei A bringt einen durchaus sinnvollen Vorschlag ein, den Partei B aus strategischen Gründen zunächst einmal kleinreden und ablehnen muss. Daraufhin setzen sich Vertreter der Parteien so lang und intensiv damit auseinander, bis von der eigentlichen Idee dahinter nur noch ein müdes Stück unbedeutender Masse übrig ist, das keinen echten Sinn mehr ergibt.

Natürlich gibt es hier absolut notwendige, rechtsstaatliche Grundmechanismen, aber achten Sie möglichst darauf, in Ihrer eigenen Führungs- und Entscheidungsarbeit nicht in die gleiche Falle zu tappen.

Daraus ergibt sich dann eine Grundregel, die Sie unbedingt beachten müssen und die ich mir von General Schwarzkopf ausleihen möchte: ***„When put in charge, take charge.“***

Das bedeutet im Klartext: Wenn Sie eine Führungsaufgabe übertragen bekommen haben, dann führen und entscheiden Sie auch! Nichts anderes wird von Ihnen erwartet und nichts anderes bringt so viele und gute Ergebnisse als ein mutiger und erfahrener Entscheider.

Aus diesen und weiteren Beobachtungen wurde für mich deutlich, dass der klassische Führungsansatz nicht funktionieren kann, da hier eine Befehlskette entsteht, die dann an der schwächsten Stelle umgesetzt werden soll.

Und das kann nur schon aus rein logischen Gründen nicht funktionieren:

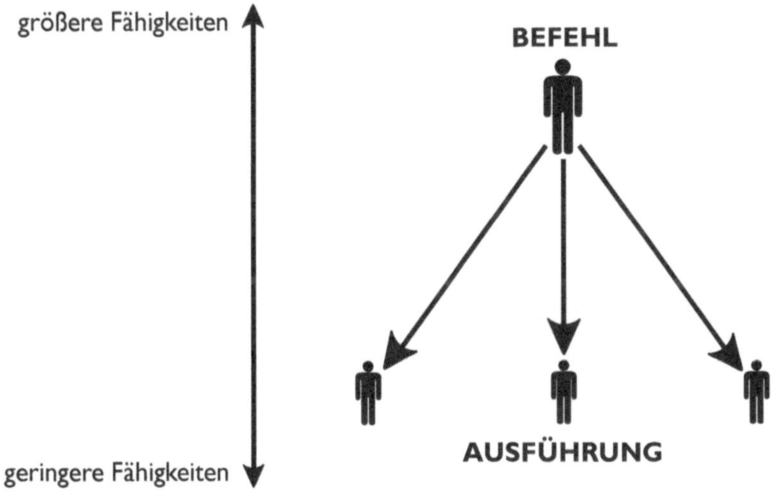

So kam ich auf Frontline Leadership. Denn in diesem System beginnt die Umsetzung der Aufgaben zur Zielerreichung nicht an der schwächsten, sondern an der stärksten Stelle des gesamten Systems: bei dem echten Leader!

Wir verlassen also die zweidimensionalen Führungssystematiken und geben dem ganzen Vorgang ein dreidimensionales Gesicht:

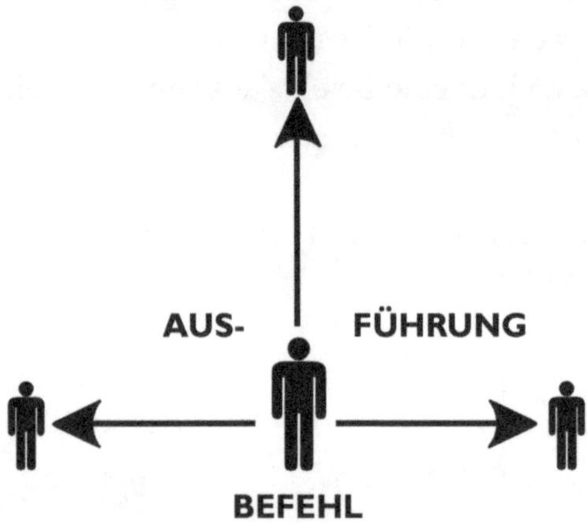

Hier steht der Leader (Sie) als tragende Säule im Mittelpunkt, das heißt, Ihre Position ist nicht rein strategisch, sondern befindet sich inmitten des Geschehens – vorne und selbst in der wesentlichen Aufgabe – am entscheidenden Platz für den Erfolg. Durch diese Neupositionierung der Führungskraft als zentralem Teil des Teams steigen automatisch die Akzeptanz, Führungsstärke und die Erfolgsaussichten des Leaders, der sich damit ganz neue Perspektiven sichert.

Im Frontline Leadership sind Sie nicht nur der Trainer, sondern ein aktives Mitglied Ihres Teams.

Sie sind aktiv am Prozess beteiligt und erhöhen Ihre Erfolgsaussichten, indem Sie sich an einer ganz besonderen Position aufstellen: Sie sind dort, wo die Entscheidung über Erfolg und Misserfolg fällt, und befinden sich sozusagen im „Schwergewicht" des Geschehens.

Lassen Sie mich diesen Punkt kurz aufgreifen: Bei jedem Projekt, bei jeder Aufgabe gibt es Knackpunkte und Probleme, die gelöst werden müssen, um das gewünschte Ziel in der vorgegebenen Zeit und in der gewünschten Qualität zu erreichen.

Diese Knackpunkte und Probleme zu lösen, gehört meist nicht zu den angenehmsten und schönsten Tätigkeiten. Deshalb ziehen es viele „unechte Leader" vor, andere damit zu beauftragen, die eigentlich entscheidenden Aufgaben zu übernehmen und sich selbst auf andere Dinge zu konzentrieren. Und genau da liegt der Fehler! Denn hier wird ganz klassisch die Verantwortung in der Kette an die schwächsten Glieder weitergegeben und das bringt dann das Gelingen des gesamten Projekts in Gefahr.

Dieses Szenario findet sehr häufig in Unternehmen jeder Größe und auf jeder Hierarchiestufe statt. Das ist ein klassisches Beispiel dafür, wie Fehlverhalten und sinnlose Vorgehensweisen von einer Führungsgeneration zur nächsten weitergegeben werden, wobei das Problembewusstsein immer weiter sinkt.

Nach dem Frontline Leadership System sieht dieses Szenario völlig anders aus: In diesem System erkennt der Leader, wo im Moment seine Hilfe am nötigsten ist und wo das schnelle Vorankommen des Teams gefährdet wird.
Aufgrund dieser Erkenntnisse begibt er sich direkt an diese Stellen und übernimmt dort die zentralen Aufgaben, um so schnell wie möglich eine Lösung zu finden.

Vergleichen Sie diese Vorgehensweise einmal mit dem Bau einer Ölpipeline, bei dem Sie sich der folgenden Situation gegenübersehen: Bei den ersten Tests der neuen Pipeline stellen die Techniker in der Zentrale einen plötzlichen Druckabfall fest, sodass davon auszugehen ist, dass eine Leitung geplatzt ist und jede Menge Öl aus einem Leck austritt.

Während beim klassischen Führungsansatz ein Techniker mit einem kleinen Servicefahrzeug von der Führungskraft losgeschickt wird, um sich ein Bild von der Lage zu machen, geht der Leader nach der Frontline-Leadership-Methode völlig anders vor.

Anstatt in der Zentrale zu warten, bis der Techniker das Problem gefunden hat, organisiert der Leader selbst einen Trupp aus fähigen Leuten, nimmt sich einen Hubschrauber und macht sich dann sofort selbst auf den Weg, um das Problem so schnell wie möglich zu lösen und sich vor Ort einen Eindruck zu verschaffen.

Auch wenn das Beispiel etwas drastisch ist, findet dieser Vorgang in den meisten Unternehmen mit klassischen Führungsansätzen genau so oder zumindest sehr ähnlich statt. Die Führungskraft verharrt in ihrer starren Position und schickt ihre Mitarbeiter vor, um das Problem zu lösen, anstatt selbst proaktiv zu werden.

Und daraus ergibt sich dann auch der Unterschied zwischen einem Leader und einem Manager.

Der Manager agiert nicht selbst, er hat eine rein verwaltende Tätigkeit fern vom Geschehen und seine Aufgaben sind eher distributiv. Das bedeutet, er hat keinen direkten und praktischen Bezug zu aktuellen Projekten oder zum Tagesgeschäft.

Der echte Leader dagegen weiß, dass es seines ***persönlichen Einsatzes*** und seiner ***persönlichen Hilfe*** bedarf, um aus einem gewöhnlichen Team ein außergewöhnliches Team mit außergewöhnlichen Ergebnissen zu machen.

Während der Manager ein distanzierter, meist unbeliebter Vorgesetzter ist, da er vor allem über Druck und Anweisungen führt, findet sich der echte Leader in einer komplett anderen Situation wieder.

Er ist ein fester Bestandteil des Teams, ist anerkannt und partizipiert aktiv am Tagesgeschehen, wo er seinen Mitarbeitern tatkräftig zur Seite steht. Er führt durch sein positives Vorbild und durch seine klare Linie in seinem Handeln, was ihm einen hohen Stellenwert bei seinen Mitarbeitern einbringt. Das macht ihn zu einem beliebten Menschen, ohne dass dabei die nötige Distanz verloren geht.

Letztendlich, und das werden wir in einem der nächsten Kapitel sehen, ist es viel befriedigender, ein Leader zu sein als ein Manager, auch wenn es manchmal etwas anstrengender ist.Und genau deshalb brauchen wir eine neue, eine frische Art von Leadership, die veraltete Strukturen und Denkweisen aufbricht und die dazu führt, dass in unserer wettbewerbsorientierten Welt auch wieder mehr Rücksicht auf den Einzelnen genommen und ihm mehr Verständnis entgegengebracht wird.

Denn die Tendenzen sind erschreckend: Immer mehr Menschen fühlen sich dem wachsenden Druck, den Manager auf sie ausüben, und deren Anforderungen nicht mehr gewachsen, zerbrechen regelrecht unter dem Druck und enden dann irgendwann mit der Diagnose „Burnout“ oder reagieren mit einer inneren Kündigung.

Das ist schon lange keine Randerscheinung mehr: Laut einer Studie der BKK geben 84 Prozent aller befragten Arbeitnehmer an, sie fühlten sich oft „ausgebrannt“, „lustlos“ und wären ständig auf „Standby“, zudem klagt jeder Zweite über Schlafprobleme.

Dass solche Mitarbeiter einen akuten Leistungseinbruch und mangelndes Arbeitsvermögen mitbringen, dürfte sich von selbst erklären, aber leider ändert sich an dieser Situation bisher kaum etwas.

Bei meiner Arbeit in Unternehmen jeder Größe, in denen ich das Frontline-Leadership-System installiere, stelle ich immer wieder erfreut fest, wie positiv dieses System auf allen Hierarchiestufen aufgenommen wird. Denn der Wille zu einer Verbesserung ist meist auf allen Seiten vorhanden, nur das passende Mittel hat bisher gefehlt.

Da die Führungskraft beim Frontline Leadership viel näher am Team ist als der klassische Manager, bestehen hier bessere Einwirkungs- und Steuerungsmöglichkeiten, um eben diese Burnout- und Kündigungsproblematik einzudämmen.

Der Vorteil einer Führung durch „Sog“ anstatt durch „Druck“, worüber wir später noch sprechen werden, macht das gesamte Führungssystem komplett und führt dadurch zu einer wesentlich höheren Leistungsfähigkeit und -bereitschaft aller Beteiligten.

Aber kann jeder ein echter Leader sein?
Um es ganz klar zu sagen: ***Nein!***

Nicht jeder kann ein echter Leader sein, aber jeder, der Menschen mag und bereit ist, auch ab und zu über den Tellerrand zu sehen, der seine Hemdsärmel hochkrempelt und nach neuen Möglichkeiten sucht, kann zumindest ein besserer Leader werden als 98 Prozent aller anderen. Wer eher arbeitsscheu, übermäßig schüchtern und unqualifiziert ist, wird sich sehr schwer tun, das Frontline-Leadership-System für sich umzusetzen und zu nutzen.

Aber da Sie sich dieses Buch gekauft haben und es bis zu diesem Punkt gelesen haben, denke ich, dass Sie offen für Neues sind und deshalb auch in diesem Buch viele Dinge finden werden, die Sie effektiv weiterbringen.

Doch bevor wir so richtig ins Thema einsteigen, möchte ich Ihnen noch kurz meine Geschichte erzählen, damit Sie wissen, mit wem Sie es zu tun haben und warum ich davon überzeugt bin, dass ich genau derjenige bin, dem Sie zuhören sollten.

Meine Geschichte: Warum Sie dieses Buch lesen müssen

Es hätte wohl niemand geglaubt, dass aus dem unterprivilegierten Gastarbeiterkind Harald Psaridis einmal einer der bekanntesten Leadership-Experten Europas werden würde, denn die Vorzeichen standen durchaus schlecht.

Ich wuchs als Kind eines griechischen Gastarbeiters in Wien auf, wo ich zwar geboren war und mich „zu Hause" fühlte, doch das Gefühl, das mir meine Umwelt jeden Tag vermittelte, war ein ganz anderes: Ich wurde gehänselt, ausgeschlossen und verspottet, weil ich bei meinen Klassenkameraden nicht als „echter" Österreicher galt, sondern von ihnen immer als Person zweiter Klasse behandelt wurde.

Mein Vater, der in den Fünfzigerjahren von Griechenland nach Österreich ausgewandert war und als Monteur in einer Autoreifenfirma arbeitete, tat sein Möglichstes, damit er seine Familie finanziell unterstützen und ich meine Schulausbildung absolvieren konnte.

Schwierig war nicht nur unsere wirtschaftliche Situation, bei mir hinterließen vor allem die persönlichen Angriffe und Beleidigungen der anderen tiefe Wunden in meiner Seele. In dieser Zeit, in der sich die anderen über mich lustig machten und mich hänselten, entstand in mir ein unbändiger Wunsch: Ich wollte kein Mensch „zweiter Klasse" mehr sein, zu dem mich die Außenwelt machte, ich wollte die Nummer eins werden und es allen beweisen.

Aber was war ***„es"*** überhaupt?
Ich hatte keine Ahnung.

Ich wusste nur, dass ich durch meine Klassenkameraden mittlerweile alle Variationen und Verballhornungen meines Nachnamens kannte, und daran musste sich etwas ändern.

Da ich regelmäßig von anderen Kindern in die Mangel genommen worden war und wusste, wie sich Ohrfeigen anfühlten, war der erste Schritt, mir die körperliche Chancengleichheit anzueignen, die diesen Zustand beenden konnte. Um mir den Respekt zu verschaffen, den ich meiner Meinung nach verdiente, begann ich – zunächst eigentlich rein zufällig – durch einen Freund mit Bodybuilding.

Obwohl ich eigentlich nicht die Figur und die genetischen Anlagen hatte, um es in diesem Sport weit zu bringen, ermöglichte mir das regelmäßige Training, meinen körperlichen Zustand deutlich zu verändern. Denn aufgrund meiner neuen physischen Konstitution (auch Muskelberge genannt) war ich nun derjenige, der allen anderen überlegen war. Zum ersten Mal im Leben konnte ich so etwas wie Erfolg riechen, und ich wollte mehr davon.

Das Bodybuilding hielt, abgesehen von einer neuen äußeren und inneren Stärke, noch eine andere, überaus interessante Lektion für mich bereit, die ich auch heute noch zu meinen Maximen zähle. In diesem Sport habe ich gelernt, was Disziplin eigentlich heißt! Ich habe über Jahre hinweg ohne Wenn und Aber fast jeden Tag trainiert und auf meine Ernährung geachtet, sodass ich irgendwann zu meinem ersten Wettbewerb antreten konnte.

Leider stellte sich heraus, dass ich auf die falschen Tipps zur perfekten Wettbewerbsvorbereitung gehört hatte, was dazu führte, dass ich die erste Veranstaltung nicht wie geplant auf der Bühne, sondern mit unerträglichen Magenschmerzen auf der Toilette der Veranstaltungshalle verbrachte. In dieser Situation, während ich durch die Wände die laute Musik und das Klatschen der Menschen in der Halle hörte, fiel bei mir eine Entscheidung: Ich werde österreichischer Meister im Bodybuilding! Leichter gesagt als getan. Auf den folgenden Wettbewerben stellte ich mich der Konkurrenz und musste feststellen, dass ich niemals eine Platzierung unter den besten sechs Teilnehmern belegen konnte.

Demotiviert von meinen Misserfolgen, die arg an meinem Ego kratzten, war ich so weit, aufzugeben und das Handtuch zu werfen. Kurzerhand ging ich zu meinem Trainer und eröffnete ihm, dass ich nicht zu den österreichischen Meisterschaften antreten würde und die Sache damit vorbei war. Mein Trainer sagte darauf nur einen Satz, der mich heute noch prägt und der mein Leben radikal verändert hat:

Wenn man sagt, es geht nicht, dann geht es alleine deshalb nicht, weil man entweder gar nicht oder nur halbherzig beginnt.

Lesen Sie sich diesen Satz noch einmal durch und erkennen Sie die Tragweite dieser Aussage! Mich brachte sie in der folgenden Nacht um den Schlaf. Oft schaffen wir etwas allein deshalb nicht, weil wir es nicht mit allen uns zur Verfügung stehenden Mitteln versuchen!

Lange Rede, kurzer Sinn: 14 Tage danach war ich frisch gebackener österreichischer Meister und stolz wie Oskar. Ich hatte den inneren Schweinehund besiegt, bin durch das Tal der Tränen gegangen und habe dann doch ganz unerwartet gesiegt.

Ich bin überzeugt, dass unsere gesamte Unternehmenskultur eine andere wäre, wenn die Führungskräfte den Satz meines Trainers verinnerlichen und danach handeln würden: Wenn man sagt, es geht nicht, dann geht es alleine deshalb nicht, weil man entweder gar nicht oder nur halbherzig beginnt.

Nachdem ich diesen Meilenstein erreicht hatte, musste ich feststellen, dass auch in dieser Liga mit Bodybuilding kein Geld zu verdienen war, und ging weiterhin meinem Hauptjob in der Gastronomie nach.

Eines Tages sprach mich ein Trainingskollege im Studio an und fragte, ob ich denn grundsätzlich offen für eine berufliche Veränderung sei. Wenn ja, solle ich mich doch einmal mit seinem Chef unterhalten.

Gesagt, getan ... Es ging um eine Tätigkeit im Finanzbereich und darum, sich etwas in dieser Branche aufzubauen. Obwohl ich bereits mehrmals negativ auf ein solches Angebot angesprochen worden war, hatte ich sofort Vertrauen und sagte mir: *Warum eigentlich nicht? Probier es aus!*

Bereits im nächsten Monat hatte ich durch meine konsequente Herangehensweise, die ich aus dem Sport kannte, neues Geld verdient und die anderen Neueinsteiger hinter mir gelassen. Es öffnete sich eine völlig neue Welt für mich: Hier wurde Leistung bezahlt, es zählte nicht, wie man hieß oder wie viel man hatte, sondern einzig und allein, dass was man etwas tat und wie gut man es tat!

Das bedeutete für mich, dass mir die Chance geboten wurde, endlich nach Leistung und Erfolg bewertet zu werden, ohne dass mein familiärer Hintergrund eine Bedeutung hatte.

Nach meinem Verkaufspraktikum fing ich an, mir eine eigene Mannschaft von Verkäufern aufzubauen und auszubilden, um mir langfristig ein richtiges Team zu schaffen.

Ich fand gute, interessante und fähige Leute, denen ich die Basis meines Geschäfts beibrachte und die mir jeden Monat einen passablen Umsatz erwirtschafteten. Das Geschäft lief so gut, dass ich mich entschied, meinen Job in der Gastronomie an den Nagel zu hängen und in meinem neuen Geschäft richtig durchzustarten.

Doch genau dann geschah die ungeahnte Riesenkatastrophe: Ich hatte meinen Job gekündigt und war mit meinen besten Mitarbeitern auf dem Weg zu einem Seminar, als es geschah: Wir kamen mit unserem Auto bei 180 km / h von der Fahrbahn ab, weil der Reifen geplatzt war, und überschlugen uns mehrfach. Ich saß zu diesem Zeitpunkt am Steuer. Bis zu diesem Tag hatte ich hoffnungsfroh in die Zukunft geschaut, doch in den Wochen danach musste ich, zusätzlich zu einem Nasenbeinbruch, noch einmal echte Tiefschläge und Schmerzen verkraften.

Meine drei besten Mitarbeiter verließen die Firma aufgrund einer durch den Unfall ausgelösten Sinnkrise und wendeten sich anderen Dingen zu. Sie hatten sich so lange miteinander unterhalten, bis jeder von ihnen seine neue Berufung darin sah, seine „Bestimmung“ zu finden.

Das alles wäre ja nur halb so schlimm gewesen, wenn ich mein Geld selbst durch Verkauf oder neue Mitarbeiter hätte verdienen können.

Aber was für ein Eindruck würde bei Ihnen entstehen, wenn Sie zu einem Kunden- oder Einstellungsgespräch kommen, und Ihr Gegenüber sieht gerade so aus, als hätte es sich gleichzeitig gegen beide Klitschko-Brüder über 35 Runden in einem Boxkampf behaupten müssen.

Da saß ich nun, mit meinem Gips auf der geschwollenen Nase und mit blauen, von Blut unterlaufenen Augen und wusste weder ein noch aus.Ich war der festen Überzeugung, dass ich bereits ganz unten angekommen war und nicht mehr viel passieren konnte.

Doch ich hatte die Rechnung ohne meine damalige Frau gemacht. Sie eröffnete mir in der Woche nach dem Unfall, dass sie mich verlassen würde, weil sie jemand anderen gefunden habe, der nicht so viel arbeite wie ich.

Und damit war ich zum ersten Mal wirklich am Boden.

Ich konnte nicht mehr arbeiten und hatte kein Einkommen mehr. Alles was ich mir mühsam aufgebaut hatte, war innerhalb von wenigen Tagen zusammengebrochen.

Was mir noch blieb, waren mein Hund und meine Schulden. Ich hatte kein Auto mehr und musste dringend eine Lösung finden, wie es weitergehen sollte.

Laut ärztlicher Einschätzung war davon auszugehen, dass die Zeichen meines Kontakts mit dem Lenkrad während des Unfalls noch länger in Grün, Blau und Rot sichtbar sein würden. So war mir mein Weg zurück in den Verkaufsjob, wo ich Kunden hätte besuchen müssen, vorerst abgeschnitten und ich musste mir unbedingt Alternativen überlegen, wie ich meine Haushaltskasse wieder auf Vordermann bringen konnte.

Doch anstatt mit meinem zerschlagenen Gesicht als Kinderschreck aufzutreten, bekam ich über eine gute Freundin einen Hauptjob als Vertriebsleiter bei einer Versicherung. Den Job zu bekommen war einfach, aber was er nach sich zog, war so extrem, dass ich heute noch darüber lachen muss.

Hätte ich damals gewusst, was beruflich auf mich zukommt, wäre ich wahrscheinlich schon am ersten Tag wieder rückwärts aus dem Büro gelaufen. Denn wer denkt, die Aufgabe eines Vertriebsleiters wäre es, einen Vertrieb zu leiten, der denkt wahrscheinlich auch, dass ein Zitronenfalter Zitronen faltet. Kurz gesagt: Anstelle der Leitung einer echten Verkäufertruppe übertrug man mir die Führung der letzten Loser-Gruppe überhaupt, die eigentlich jeder in der Firma schon für tot erklärt hatte, und die laut Umsatzstatistik irgendwo zwischen „nichts“ und „gar nichts“ lag.

So ging ich also mit meinen sieben „Nieten“ ans Werk und verlor gleich am ersten Tag zwei davon, die es vorzogen, lieber die Firma zu verlassen, als etwas zu ändern. Doch mit den fünf verbliebenen Verkäufern legte ich richtig los. Wir schufteten um unser Leben und bildeten neue Mitarbeiter aus, sodass wir uns innerhalb von nur neun Monaten vom letzten auf den ersten Platz in der Umsatzstatistik des Unternehmens hochgearbeitet hatten.

Hier hat sich für mich wieder einmal gezeigt, was alles möglich ist, wenn man nur will und auch das tut, was notwendig ist, wenn man den gewünschten Erfolg erzielen möchte. Wir waren in nur neun Monaten als Team vom belächelten „Loser-Quintett“ zur bewunderten und anerkannten Nummer eins geworden. Das Interessante daran ist, dass ich heute zu einer Person aus diesem ursprünglichen Fünfergespann eine ganz besondere Beziehung habe: Sie ist inzwischen meine Frau!

Ohne meine Frau und ohne meine Kinder wäre mein Erfolg niemals möglich gewesen. Sie ist mein stärkster Stützpfeiler und ich verdanke ihr viel mehr, als ich jemals sagen könnte. Heute arbeitet unsere ganze Familie zusammen in und an der Firma, was zeigt, dass die Wirtschaft gar nicht so familienfeindlich ist, wie viele behaupten. Allein die Tatsache, dass ich meine Frau kennenlernen durfte, war es wert, dass wir uns diese neun intensiven Monate zusammen an die Spitze gekämpft hatten.

Und obwohl uns dieser Erfolg vergönnt war, wollte und konnte ich mehr. Ich wollte wieder als Unternehmer etwas aufbauen und fing an, neben meinem Hauptberuf als Vertriebsleiter wieder selbstständig zu arbeiten.

Aber nirgendwo spürte ich jemals wieder das „Fieber“ und die Begeisterung wie beim Bodybuilding. Der Wunsch dies wieder zu erleben blieb.

Eines Tages saß ich wartend im Vorzimmer meiner damaligen Führungskraft, als mir eine Zeitschrift Namens „Cash“ auffiel, die vor mir auf dem Tisch lag.

Wenn ich damals gewusst hätte, welche unglaublichen Veränderungen diese Zeitschrift für mich bringen würde, dann hätte ich sie wahrscheinlich vor lauter Aufregung mit zitternden, schweißnassen Händen geöffnet. Aber Gott sei Dank war ich mir dieser Tragweite nicht bewusst und schlug die erste Seite auf.

Dort stand irgendetwas mit „Macher und Millionen" in der Überschrift und darunter waren die größten Finanzvertriebe in Deutschland aufgelistet. Was ich dort sah, war für mich damals unglaublich: Denn hier gab es im Gegensatz zu den Unternehmen in Österreich echte Großkonzerne mit einem breiten Produktportfolio und riesigen Chancen. Ich kannte den Markt in Österreich aus meinen Erfahrungen sehr gut und war überrascht, dass es viele Finanzprodukte gab, die bei uns nicht existierten.

Heute, fast 30 Jahre später, belustigt mich meine Reaktion selbst, aber für mich war es damals so, als hätte ich das Paradies gesehen! Nach all dem Warten auf DIE Chance griffen wie bei einem Schweizer Uhrwerk alle Zahnräder ineinander und es machte „Klick" in meinem Kopf.

Ich hatte eine Idee, einen Bedarf, einen Markt und eine Lösung! Schnell packte ich die Zeitschrift in die Innentasche meines Sakkos und raste nach Hause, um sofort loszulegen. Blauäugig wie ich (Gott sei Dank) damals war, dachte ich mir: *Ich rufe da einfach an!*

So nahm ich mir die Liste der Konzerne aus Deutschland und überlegte, wen ich zuerst anrufen sollte. Ich kam zu dem Schluss, dass die Nummer eins eine Kragenweite zu groß für mich war, und dachte: *Dann rufe ich die Nummer zwei an, die wollen sicherlich Nummer eins werden!*
Gesagt, getan ... Wenige Wochen später saß ich mit den Vorständen dieser „Nummer zwei" zusammen und stellte fest, dass wir geschäftlich nicht zueinander passten.

Was jetzt?, fragte ich mich, und die Antwort war: *Dann rufe ich eben die Nummer drei an!* Und dann war es wie Magie. Wie es das Schicksal so wollte, passten Zeit und Ort perfekt zusammen, denn ich bekam die Auskunft, dass die Firma gerade dabei war, in den österreichischen Markt einzusteigen. Welch ein Glück!

Meinen ersten Termin hatte ich in meiner Heimatstadt Wien, wo die Firma in der Altstadt ein nagelneues, top ausgestattetes Büro in einem alten Innenstadtpalais für seinen Start in Österreich eingerichtet hatte.

Was mir im Treppenhaus auf dem Weg zu meinem Einstellungsgespräch passierte, werde ich wohl niemals vergessen. Es könnte aus einem kitschigen Hollywoodstreifen stammen. Auf der Treppe kam mir ein Mann entgegen, der mich begrüßte und fragte, warum ich da sei. Er sagte zu mir: ***Wissen Sie, wir sind hier nicht angetreten, um unser Leben lang zu träumen, sondern um unsere Träume zu leben!*** In diesem Moment wusste ich, so kitschig es klingen mag: Das ist es!

Dann habe ich einfach angefangen. Aber was heißt einfach? Ich hatte keine nützlichen Kontakte und keine Kunden mehr in Wien, sodass meine Startvoraussetzungen alles andere als rosig aussahen. Ich war der Schlechteste in der Startgruppe, das bedeutete, ich war aufgrund meiner fehlenden Kontakte nicht in der Lage, mein notwendiges Verkaufspraktikum zusammen mit den anderen abzuschließen, und blieb über die ersten Monate immer etwas zurück.

Da ich damals niemanden kannte und keinen Kundenkreis hatte, den ich angehen konnte, begann ich, mich mit der Bürosekretärin bei einer Flasche Sekt zusammenzusetzen, um mich an ihre Bekannten weiterempfehlen zu lassen. So startete ich also meine neue Karriere: mit den Kontakten meines einzigen Kontakts in Wien. Zwar hatte ich damals mit Nachteilen zu kämpfen, aber ich hatte vom ersten Tag an ein Ziel im Kopf.

Bei meiner ersten Führungskräfteveranstaltung im Sommer 1992, bei der ich anwesend sein durfte, hielt der Inhaber des Unternehmens eine bewegende Rede, die mich eine Entscheidung treffen ließ, die meine Ziele und auch mein Leben neu definierten.

Noch während des Vortrags nahm ich einen Zettel, auf den ich schrieb: *Hallo, Herr Maschmeyer, mein Name ist Harald Psaridis und ich werde eines Tages Ihre umsatzstärkste Führungskraft sein!*

Diesen Zettel nahm ich, faltete ihn einmal in der Mitte und gab ihn am Ende das Vortrags Herrn Maschmeyer in die Hand. Ich bezweifle, dass der Zettel für ihn damals eine Bedeutung hatte oder dass er mein Versprechen ernst nahm, aber ich tat es. Und ich wusste, dass ich es erreichen konnte.

Es dauerte elf lange Jahre, aber ich kann mit Stolz sagen, dass ich dieses Versprechen mehrere Male hintereinander eingelöst habe und an der Spitze einer extrem starken Organisation stehen darf, mit der zusammen ich allein in Österreich über 5,5 Milliarden Euro veranlagtes Kapital anvertraut bekommen habe. Und ich sage absichtlich „stehen darf", denn es ist mir eine Ehre, ein Team zu führen, das eine Summe von fast 5.600.000.000 Euro erwirtschaftet hat. In der Rückschau kann ich sagen, dass ich leicht das Doppelte oder auch das Zehnfache dieser Summe viel schneller hätte erwirtschaften können, wenn ich von Anfang an alles richtig gemacht hätte. In der Summe habe ich in den letzten 20 Jahren mit über 2500 Mitarbeitern zusammengearbeitet, daraus über 300 Führungskräfte entwickelt, mehr als 10.000 Bewerbergespräche geführt und ca. 3000 Seminartage gehalten.

Heute führe ich vier separate Unternehmen in meiner Holding und sehe meine Aufgabe vor allem darin, mein Wissen über Leadership und Führung an die nächste Generation von Führungskräften weiterzugeben.

Fast alles, was bisher im Bereich Führung zu finden ist, beschränkt sich auf die Faktoren Motivation oder Druck. Aber das reicht nicht aus, um wirklich Erfolg zu haben!

Deshalb waren meine ersten Überlegungen, als ich Personalverantwortung übernommen hatte, folgende:

Was brauchen die Leute, damit sie Ergebnisse erzielen?
und
Müssen wir die Leute weiterhin „verheizen“ und „verbrennen“, um ein erfolgreiches Unternehmen aufzubauen, in dem nur die Stärksten überleben?
und
Wie kann ich den Leuten dabei helfen, das Beste aus sich herauszuholen, damit alle damit zufrieden sind?

In den folgenden Jahren habe ich zahlreiche Seminare besucht, habe aus Büchern, Artikeln und guten Führungskräften gelernt, worauf es ankommt, und dann alles in meiner eigenen Praxis eingesetzt.

Ich habe damals nicht mehr „Führen“ gesagt, sondern „Unterstützen“, denn dieser Unterschied ist meiner Meinung nach ein Hauptfaktor dafür, dass sich Erfolg einstellt. Der Mitarbeiter möchte etwas tun, das steht fest. Sonst wäre er gar nicht erst erschienen. Oft fehlt es aber einfach an den notwendigen Fähigkeiten oder an der richtigen Unterstützung. Ich habe mich immer für meine Leute verantwortlich gefühlt, denn ich bin der festen Meinung, dass wir Mitarbeiter immer als das behandeln und sehen müssen, was sie sind: Menschen! – und ***keine*** Produktionsfaktoren!

Ich habe wirklich alles gelesen, was es zum Thema „Leadership“ zu lesen gibt, jedes nur erdenkliche Seminar besucht und Tausende von Euro investiert, um mich theoretisch und praktisch zum absoluten Experten auszubilden. Zunächst war ich wirklich verwirrt, denn jeder in diesem Bereich erzählte einem etwas anderes. Heute kann ich sagen, dass alle recht haben.

Meine Lösung, die alles auf den Punkt bringt, was ich in meinem Leben über Führung gelernt habe, habe ich beim Militär entdeckt. Denn hier lernt man, wie man führt, und das nicht nur mit Verhaltensregeln, Druck und schlauen Sprüchen. Obwohl ich niemals beim Militär war, hat mir einer meiner Mentoren, General i. R. Josef-Paul Puntigam, viel von dem mitgegeben, was ich heute so erfolgreich einsetzen und vermitteln kann.

Schon immer habe ich nach einem System gesucht, das den Fehlerfaktor Mensch so weit wie möglich ausschließt, und stattdessen ein System installiert, mit dem fast jeder zur starken, erfolgreichen Führungspersönlichkeit werden kann. Dabei bin ich auf eine erschreckende Erkenntnis gestoßen: Für den Verkauf gibt es zahlreiche Systeme, aber nicht für die Führung! Absurd, oder?

Ich habe nur unterschiedliche Tools und Bausteine gefunden, aber kein ganzheitliches, funktionierendes und erprobtes System! Deshalb habe ich über die Jahre alles nur Mögliche ausprobiert und jeden Fehler gemacht, den man machen kann, bin viele Male im Kleinen und auch im Großen gescheitert. Und das, obwohl ich in Sachen Führung nie übermäßig talentiert war, sondern einfach nur unglaublich fleißig. Nach dieser ganzen Zeit kann ich Ihnen aus eigener Erfahrung versichern, dass Führung gar nicht so schwer ist und dass außergewöhnliche Ergebnisse normal sind, wenn man die richtigen Dinge zur richtigen Zeit mit den richtigen Menschen tut.

Und damit Sie künftig zu dem Leader werden können, der Sie sein wollen, ohne dass Sie die ganzen Fehler machen, die ich in meinem Leben als Führungskraft bewältigen musste, habe ich ein System geschaffen, dass Ihr Leben und Ihre Arbeit in Zukunft komplett verändern wird. Das kann ich Ihnen versprechen!

Sie werden insgesamt weniger Fehler machen, schneller vorankommen und eine neue Akzeptanz bei Ihren Mitarbeitern und in Ihrer gesamten Firma bekommen als je zuvor. Natürlich braucht das in der nächsten Zeit etwas mehr Eigeninitiative, etwas mehr Mumm und Willensstärke von Ihrer Seite, aber die neue Qualität Ihrer Führung wird innerhalb kürzester Zeit positive Auswirkungen haben!

Aber nun genug von mir. Ich hoffe, meine Geschichte konnte Sie etwas inspirieren, und ich wünsche ihnen viel Spaß mit dem wohl besten und fortschrittlichsten Führungssystem der Welt: Frontline Leadership.

Das Leben und Leiden einer Führungskraft

Das Leben einer Führungskraft in der europäischen Wirtschaft ist häufig eher ein Leidensweg als eine echte Karriere. Wenn es nicht darum geht, sich bei den Vorgesetzten einzuschmeicheln und Überstunden zu klopfen, ist man mit der unangenehmen Aufgabe betraut, einen Haufen scheinbar unfähiger und unwilliger Mitarbeiter im Zaum zu halten. Diesen gelingt es, jeden nur erdenklichen Fehler in unglaublicher Frequenz zu wiederholen, und was ihre Motivation angeht, hat man den Eindruck, dass dem Fleißigsten zum Lohn seine Hand abgehackt werden würde. Verzeihen Sie mir die drastischen Worte, aber der Job einer normalen Führungskraft ist meist mehr Frustration als alles andere.

Führungskraft sein heißt, bei der Arbeit überlastet zu sein und ausgebeutet zu werden, immer in der Hoffnung auf eine Beförderung, die sowieso jemand anderes bekommt, der „den Junior vom Chef" kennt. Trotzdem muss man sich um den ganzen Haufen kümmern und Verantwortung für den Laden übernehmen.

Nach 30 Jahren Betriebszugehörigkeit bekommt man dann ein Dankesschreiben für seine Dienste und wird in die wohlverdiente Rente entlassen. Da hat man schließlich genug Zeit, darüber nachzudenken, dass das System ungerecht und falsch ist und man alles anders machen würde, könnte man noch einmal neu beginnen.

Solche Geschichten von Führungskräften höre ich immer wieder. Viele Mitarbeiter aus dem mittleren Management, die bereits in Rente sind, haben erst viel zu spät festgestellt, dass der Fehler im System gelegen hat und dass sie etwas hätten bewirken können, wenn sie nicht einfach die Füh-

rungsstile und Methoden ihrer Vorgänger übernommen hätten. Denn hier liegt die eigentliche Gefahr: Nicht nur die Mitarbeiter übernehmen ungefragt alte, nicht mehr zeitgemäße Handlungsweisen, sondern auch die Führung hat sich in den letzten 20 Jahren kaum weiterentwickelt.
Deshalb gibt es in vielen Unternehmen auch so drastische Einschnitte in den unterschiedlichsten Bereichen.

Woran das liegt?
Bei uns sagt man: Der Fisch fängt am Kopf an zu stinken. Das heißt, wenn in der Führung Fehler gemacht werden, dann ziehen sich diese Fehler bis ganz nach unten in der Struktur durch – und nicht anders herum.

Als ich vor vielen Jahren nach einem Seminar die Gelegenheit hatte, mit einem der besten Leadership-Experten der Welt zu Abend zu essen, beklagte ich mich darüber, dass meine Mitarbeiter unfähig wären, selbst zu denken.
Seine Antwort traf mich im ersten Moment hart, aber seitdem denke ich komplett anders darüber. Auf meine Beschwerde antwortete er lapidar: *Du hast immer nur die Mitarbeiter, die du verdienst!*

Autsch! Dieser Satz hatte gesessen. Er machte mir schonungslos und ehrlich klar, dass ***alles,*** was unter mir passierte, in meiner eigenen Verantwortung lag.

Zudem fügte er hinzu: *Wenn du ein mieser Typ mit einer miesen Firma bist, dann bekommst du auch nur miese Leute ... Wenn du ein guter Typ mit einer guten Firma bist, dann bekommst du gute Leute ... Und wenn du ein bombastischer Typ mit einer bombastischen Firma bist, dann bekommst du auch bombastische Leute.*

Wie recht er damit hat. Wir bekommen im Leben immer nur das, was wir verdient haben, und wenn Sie in Ihrem Fachgebiet ein echter Superstar sind, dann haben Sie es auch verdient, mit anderen Superstars zusammenzuarbeiten und ein tolles Team zu führen.

Aber verpassen Sie bei dem ganzen Streben nach oben nicht, was für Sie persönlich wirklich wichtig ist und was Sie zufrieden macht. Ich kenne viel zu viele Menschen, die an der Spitze des Erfolgs angekommen sind, die aber völlig isoliert und alleine leben.

Diese Leute versuchen dann, sich die Akzeptanz ihrer Mitmenschen dadurch zu sichern, dass sie schöne Dinge zur Schau stellen, um zu zeigen, dass sie „es geschafft" haben. Dafür kaufen sie sich große, laute Autos, beeindruckende Häuser und behängen sich mit teuren Schmuckstücken, um ihrer Umwelt den Eindruck zu vermitteln, ihr Leben sei großartig.

Aber an der ganzen Sache gibt es einen entscheidenden Haken: Wir Menschen wollen dafür geschätzt und danach bewertet werden, wer wir sind und was wir geleistet haben. Auf Statussymbole auszuweichen, ist dagegen eine völlig unzureichende Ersatzbefriedigung, die schnell abstumpft.

Und darum geht es beim Frontline Leadership: Ich möchte, dass Sie jetzt und in Zukunft eine komplett andere Situation vorfinden, in der Sie mit motivierten Mitarbeitern zu erheblich besseren Ergebnissen kommen, und dabei von vielen Seiten als Mensch für Ihre Errungenschaften akzeptiert und geschätzt werden.

Wie das geht, zeige ich Ihnen im nächsten Kapitel, in dem Sie feststellen werden, dass fast alles, was Sie bisher über Leadership wissen, falsch ist. Im Folgenden erfahren Sie alles, was Sie wissen müssen, wenn Sie ab morgen zum besseren Leader werden wollen.

Zehn Faktoren, die eine gute Führungskraft ausmachen

1. Als Chef muss man sich aktiv einbringen

Ändern Sie die Regeln: Alles Populäre ist falsch

Egal, ob Sie eine altgediente oder eine neue Führungskraft ohne Vorerfahrung sind, Sie haben sicherlich sehr schnell festgestellt, dass es in den klassischen Führungsstilen einen entscheidenden Nachteil gibt, den wir nicht ausgleichen können, egal wie viele Bücher wir lesen oder wie viele Seminare wir besuchen: Jeder hat seine eigene Philosophie und seine eigene Meinung darüber, wie Führung funktioniert und welche Techniken man anwenden kann, um sein Team zu besseren Leistungen zu bringen. Und eigentlich haben alle damit recht.

Aber leider sind diese Techniken und Taktiken nicht strukturiert aufgebaut. Man befindet sich in einer Situation, in der man wie vor einem Puzzle mit 1000 Einzelteilen sitzt, die man dann selbstständig zusammenfügen und mit Erfahrung aufbauen muss, bis sich ein komplettes, schlüssiges Bild ergibt.

Bei mir hat dieser Prozess fast 20 Jahre gedauert, bis ich mein System gefunden und perfektioniert habe. Diesen Zeitraum und Aufwand möchte ich Ihnen gerne ersparen und verspreche Ihnen, dass Frontline Leadership nachhaltig verändern wird, wie Sie Führung für sich definieren. Oft müssen wir einfach unsere Denkweise umstellen, um nachhaltige Veränderungen herbeizuführen. Deshalb möchte ich Ihnen von einem meiner Schlüsselerlebnisse erzählen, das zur Entwicklung meines Systems beigetragen hat.

Da meine Organisation aus vielen Mitarbeitern im Verkauf besteht, bin ich immer auf der Suche nach neuen Ideen, wie wir die Erfolge der Vertriebspartner und Salesmitarbeiter voranbringen und optimieren können. In diesem Zusammenhang fahndete ich nach einer neuen Verkaufsstrategie, wie wir besser auf den Nutzen und auf die Wünsche unserer Kunden eingehen können, um unsere Marktposition noch weiter zu stärken und auszubauen.

In der darauffolgenden Zeit sondierte ich den kompletten Markt und probierte viele neue Verkaufssysteme aus, um das für uns geeignete zu finden und zu installieren. Das Erstaunliche war, dass ich nicht nur viel über Verkauf lernte, sondern dass ich eine Erkenntnis erhielt, die für meine Führungsfähigkeiten von entscheidender Bedeutung war.

Im Verkauf gibt es viele echte und komplette Systeme, wie man zum Abschluss kommt, aber im Leadership existiert bisher kein einziges System, das einem eine Schritt-für-Schritt-Anleitung an die Hand gibt, wie man seine Mitarbeiter zu einem schlagkräftigen Siegerteam macht.

Als ich das erkannt hatte, machte ich mich daran, ein echtes System zu schaffen, dass es jedem ermöglicht, sein eigenes Führungspotenzial auszuschöpfen und endlich die Ergebnisse zu erreichen, die man sich immer gewünscht hat.

Zunächst gilt es dabei, seine alten Glaubenssätze abzulegen und neu darüber nachzudenken, was das Wort „Chef" eigentlich bedeutet. Denn in den Köpfen vieler Menschen ist der Chef einfach derjenige, der hart ist, die Macht hat und der Anweisungen verteilt. Diese Denkweise ist zwar tief in uns verwurzelt, ich halte sie aber für so falsch wie kaum etwas anderes, was das Thema Leadership betrifft.

Denn der Schlüssel zum erfolgreichen Leadership liegt nicht in einer passiven Position hinter dem Schreibtisch, aus der heraus man Befehle gibt, sondern im persönlichen Einsatz.

Allein diese falsche Wahrnehmung des Wortes „Chef" führt häufig dazu, dass Menschen, die sich durch besondere Leistungen hervorgetan haben und deshalb in eine Führungsposition aufgestiegen sind, plötzlich ihr gesamtes Verhalten verändern und als Führungskraft komplett versagen.
Mit der neuen Stelle verändert sich nämlich auch das Verhalten, und der Mitarbeiter rutscht aus seiner aktiven, leistungsstarken in eine bestimmende, distanzierte Position ab. Diese lässt ihn genau die Kompetenzen vernachlässigen, die ihn zuvor so stark haben werden lassen.

Wenn Sie den schon zuvor genannten Begriff des „Schwergewichts" beherzigen und Ihr aktives Tun dort einsetzen, wo die Entscheidung über Erfolg und Misserfolg fällt, dann werden Sie mindestens doppelt so gute Ergebnisse in kürzerer Zeit bewirken können als je zuvor.

Das heißt, dass Sie als Führungskraft die Dinge selbst vorzeigen müssen und vor allem dort tatkräftig zur Stelle sind, wo sie am meisten bewirken können.
Das löst einen wahren Motivationsschub bei den Mitarbeitern aus, weil sie sehen, dass sie nicht auf sich allein gestellt sind und dass jemand da ist, der sich zusammen mit ihnen anstrengt, dass jedes Projekt gelingt. Allein dadurch bekommt man eine höhere Akzeptanz bei seinen Mitarbeitern, behält viel besser die Kontrolle und kann seine Führung von innen anstatt von außen wirken lassen.

Wenn ich stattdessen von meinem Schreibtisch aus nur Anweisungen gebe und kein aktiver Teil des Teams bin, das die Aufgaben erledigt, dann sinkt auch die Leistungsbereitschaft der Mitarbeiter und das allgemeine Betriebsklima verschlechtert sich.

Ich schaffe damit eine stark getrennte Klassengesellschaft, bei der ich als Chef nur bestimme, was passiert, und die anderen müssen diesem Befehl folgen.

Diktatoren weltweit nutzen diese Technik schon seit jeher und sie funktioniert auch. Aber ich kann damit nicht das gesamte Potenzial meiner Leute freisetzen, weil ich sie lediglich durch Druck und Strafe zu Dingen bewege, die sie nur widerwillig und lustlos erledigen.
Also muss ich das Thema anders angehen! Oder kennen Sie ein von einem Diktator beherrschtes Land, das in irgendeiner Disziplin oder in irgendeinem Bereich ganz vorne liegt? Ich nicht. Und um nicht in diese Mittelmäßigkeit abzurutschen, ist es notwendig, dass wir etwas verändern.

Viele bekannte Führungspersönlichkeiten haben ihre ganz eigene, unnachahmliche Art zu führen und sind auch erfolgreich damit. Die große Frage ist, wie nachhaltig ist solch eine Herangehensweise und lässt sie sich multiplizieren. Denn ich bin überzeugt davon, dass man einen guten Leader vor allem daran erkennt, dass er geeignete Leute eine Führungsebene unter sich nachzieht. Egal, wie stark Sie selbst in der Führung sind, es kommt langfristig darauf an, welche Menschen Sie unter sich aufbauen und wie gut die Generation nach Ihnen ist. Nur dann haben Sie die Chance auf gutes Wachstum, eine gesunde Weiterentwicklung und langfristigen Bestand Ihrer Erfolge.

Wenn Ihr System gut genug ist – und das wird es nach der Lektüre dieses Buches sein –, dann können nicht nur Sie selbst dieses System nutzen, sondern Sie können es auch an Ihre Mitarbeiter weitergeben, die dann langfristig immer mehr Aufgaben selbstständig übernehmen und für Stabilität sorgen. Diese Mitarbeiter brauchen eine starke Wertehierarchie und müssen genau wissen, was von ihnen erwartet wird, damit sie sich danach richten können.

Führen ist nicht immer „Kuschelkurs“, und es muss immer eine klare Trennungslinie zwischen Ihnen und Ihren Mitarbeitern geben, damit Sie Ihre Autorität wahren und Ihre Aufgabe als Leader erfüllen können. Wichtig ist, seinem Team eine klare und starke Linie als Orientierung vorzugeben und die Leute zu motivieren, Ihnen bis zum Ziel zu folgen.

2. Ehrlichkeit im Umgang mit den Mitarbeitern

Ich sage immer: *Erfolg ist gut, nachhaltiger Erfolg ist besser!* Denn wenn unsere Siege und die erreichten Ziele nur kurze Zeit Bestand haben, treten wir immer unseren Kampf gegen Windmühlen an und müssen ständig „rennen", um auf der Siegerspur zu bleiben. Und wenn wir einmal auch nur kurz verschnaufen, dann bricht uns wieder alles ein, was wir so mühevoll aufgebaut haben.

Nachhaltigkeit in einem Team entsteht vor allem dann, wenn Sie den Menschen Werte vermitteln, die Sie vorleben, und Regeln aufstellen, an die sich jeder – auch Sie – halten muss. Dabei möchte ich auf drei Werte eingehen, die sich bei Mitarbeitern besonders positiv in Ihrer Entwicklung auswirken und die ich für besonders wichtig halte. Diese Werte sind:

1. Ehrlichkeit,
2. gleiche Regeln für alle,
3. das gemeinsame Ziel steht über dem einzelnen Ziel.

„Ehrlich währt am längsten": Dieses Sprichwort dürfte allen bekannt sein, und es hat in meinem Leben seit jeher seine Gültigkeit. Seien Sie ehrlich zu Ihren Mitarbeitern, versuchen Sie nicht, Dinge zu verschleiern oder negative Dinge zu verheimlichen. Denn die Menschen schätzen ehrliche, aufrichtige Führungskräfte mit Ecken und Kanten viel mehr als unehrliche, verschlagene und scheinbar fehlerfreie

Chefs. Unser Gespür dafür ist sehr ausgeprägt und gegen Ehrlichkeit sind wir Menschen genauso wehrlos wie gegen Komplimente.

Ehrliches Lob und aufrichtige Anerkennung sind dabei genauso wichtig wie offene und konstruktive Kritik an negativen Dingen oder Entwicklungen.

Wenn Sie eine „Friede, Freude, Eierkuchen-Mentalität" an den Tag legen und negative Dinge einfach unter den Tisch fallen lassen, dann werden Sie zu einem späteren Zeitpunkt mit schlechten Ergebnissen zu leben haben. Denn wenn Sie nicht mit Ihren Mitarbeitern über Probleme sprechen, dann können diese Leute auch ihre Handlungen nicht anpassen und entsprechend agieren.

Genauso verhält es sich auch mit Lob und Anerkennung: Wenn jemand eine gute oder sogar außergewöhnliche Leistung erbracht hat, dann loben sie ihn offen und vor dem gesamten Team.

Studien haben gezeigt, dass ganze zwei Drittel aller Mitarbeiter mehr Wert auf Anerkennung und Bestätigung legen als auf ein höheres Gehalt. Nutzen Sie dieses Wissen für sich und zeigen Sie Ihren Leuten so gut wie möglich, dass Sie sie schätzen und dass Sie auch erkennen, dass sie sich um eine Sache verdient gemacht haben. So halten Sie die Motivation hoch und sind in der Lage, alle vorhandenen Potenziale zu nutzen, die in Ihrem Team zur Verfügung stehen.

3. Jeder muss sich an Regeln halten – auch der Chef

Neben der Ehrlichkeit ist es ein sehr wichtiges Element Ihrer Führung, dass Regeln für alle gelten. Daran MÜSSEN Sie sich ohne Ausnahme halten.

Dazu gehören Regeln, an die sich jeder halten muss und die für Sie als Leader genauso gelten wie für jeden anderen auch. Es geht um Gerechtigkeit und darum, zu wissen, woran man ist. Egal, ob Ihnen ein Mitarbeiter besonders sympathisch ist oder ob Sie sich mit einem nicht besonders gut verstehen, behandeln Sie alle gleich und geben Sie den Menschen die Sicherheit, dass jeder gleichermaßen die Möglichkeit hat, sich durch seine Leistungen hervorzutun.

Dafür müssen die Regeln für alle im Vorfeld klar definiert werden, jeder muss den Sinn dahinter erkennen, und Sie als Leader müssen dafür sorgen, dass die Regeln eingehalten werden. Wenn Sie beispielsweise ein Meeting um 10 Uhr ansetzen, dann gibt es eine Regel, die besagt, dass jeder spätestens um 10 Uhr anwesend sein muss. Und dann dürfen Sie sich als Leader auch nicht das Privileg herausnehmen, erst um 10.15 Uhr zu erscheinen, weil Sie noch ein wichtiges Telefonat führen mussten. Denn wenn Sie die Werte nicht vorleben, dann werden Ihre Mitarbeiter diese auch für sich nicht annehmen.

Wenn die Sanktion für das Zuspätkommen beispielsweise eine Woche Küchendienst ist, dann ist es an Ihnen, wenn Sie sich doch einmal verspäten, in der folgenden Woche die schmutzigen Tassen in den Geschirrspüler zu räumen und dafür zu sorgen, dass die Küche blitzblank sauber ist. Sie haben genauso wenig Lust wie die anderen, aber es ist sehr wichtig, das zu tun, um zu zeigen, dass für jeden die gleichen Regeln gelten und dass sich jeder daran halten muss.

Diese Gleichheit zu leben, zu kommunizieren und allgemein gültige Regeln festzulegen, sorgt für eine größere Ordnung und dafür, dass das Team noch näher zusammenrückt. So entsteht eine bessere Gruppendynamik, die Motivation steigt und bei den Leuten entwickelt sich ein neues Zusammengehörigkeitgefühl.

4. Zusammenhalt in der Gruppe

Und genau dieses Gefühl führt mich zum nächsten Punkt, dem Zusammenhalt.

Viel zu vielen Mitarbeitern fehlt das Gefühl, ein Teil von einem „großen Ganzen" zu sein. Was zunächst etwas hochtrabend klingt, ist für ein erfolgreiches Team sehr wichtig, denn wie bei einer Fußballmannschaft ist es nie von der Leistung eines Einzelnen abhängig, ob Ziele erreicht werden oder nicht.

Egal, ob es sich um herausragende Talente oder besonders fleißige Macher handelt: Ohne ein starkes Team, das zusammenhält und das für das Erreichen eines gemeinsamen Ziels kämpft, ist der Leader nichts.

Ihr Ergebnis als Führungskraft ist direkt davon abhängig, wie gut Sie Ihre Mitarbeiter zusammenschweißen und auf das gemeinsame Ziel einschwören können. Jede besondere Leistung besteht dabei aus vielen kleinen Einzelschritten, die von verschiedenen Menschen zu unterschiedlichen Zeitpunkten bewirkt werden müssen.

Wie beim Fußballspiel kann nur dann ein Tor fallen, wenn die gesamte Mannschaft vom eigenen Tor über das Mittelfeld den Ball bis zu den Stürmern bringt, um den dort positionierten Spielern die Möglichkeit zu geben, zum Schuss anzusetzen und ein Tor zu schießen.

Man sieht zwar immer nur das Ergebnis, aber die eigentliche Arbeit findet weit vorher statt. Genauso ist jede Leistung in einem Unternehmen eine Teamleistung. Das müssen Sie Ihren Mitarbeiter kommunizieren und einen gemeinsamen Ansatz dafür finden, warum es sich für jeden Einzelnen lohnt, dieses Ziel zu erreichen. Denn kein Mensch strengt sich für ein Ziel an, wenn er nicht weiß, warum er es erreichen soll.

Zusammenhalt bedeutet aber auch, dass niemand von der Gruppe zurückgelassen oder ausgeschlossen wird. Wenn Probleme, egal welcher Natur, auftreten, die es dem Mitarbeiter vorübergehend unmöglich machen, seine volle Leistung abzurufen, dann dürfen Sie diese Person auf keinen Fall ausschließen oder zulassen, dass sie ihren Platz in der Gruppe dauerhaft verliert.

Suchen Sie das persönliche Gespräch, hören Sie sich aufmerksam an, welche Gründe oder Umstände zu dieser Schwächephase geführt haben, und finden Sie Lösungen, die Sie dann dem gesamten Team kommunizieren. Dadurch helfen Sie dem Einzelnen und zeigen der gesamten Gruppe, dass Sie als Führungskraft niemanden zurücklassen, dass man sich auf Sie verlassen kann. Auf diese Weise stärken Sie das „Wir-Gefühl" Ihrer Mitarbeiter. So schaffen Sie zusätzliche Sicherheit und sorgen dafür, dass jeder in Ihrem Team weiß, dass er Hilfe bekommt, wenn sie nötig ist.

Denken Sie immer daran: Wir sind alle nur Menschen, machen Fehler und sind nicht perfekt.

Der Schlüssel zur erfolgreichen Führung ist wie so oft im Leben die Kommunikation. Schließen Sie sich deshalb nicht allein in Ihr Büro ein und hoffen Sie, dass keine neue Hiobsbotschaft eines Mitarbeiters an Sie herangetragen wird, sondern sprechen Sie aktiv mit Ihren Leuten, um herauszufinden, was in deren Köpfen passiert.

Bewegen Sie sich dabei nicht nur an der Oberfläche, sondern finden Sie heraus, was sich bei den Leuten wirklich abspielt. Gehen Sie auf die Leute ein, fragen Sie sie nach ihren Wünschen, Sehnsüchten und Nöten und bleiben Sie dann mit jedem Einzelnen in kontinuierlicher Kommunikation.

Wenn Sie Regeln festlegen oder Entscheidungen treffen müssen, dann achten Sie immer darauf, dass diese mit Ihren Werten in Einklang stehen.

Ich selbst stelle mir vor einer Entscheidung häufig die Frage, ob ich mich dabei wohlfühle. Dann versuche ich eine Position aus der Vogelperspektive einzunehmen und mir alles aus dem Blickwinkel einer außen stehenden, unbeteiligten Person anzusehen, bevor ich meine endgültige Entscheidung treffe. Als Leader geht es für mich nicht nur darum, was für mich persönlich am besten ist, sondern darum, was für mein Team von Vorteil ist, denn das bringt mir langfristig am meisten.

5. Wie Sie Ihre Angst vor Führungsfehlern überwinden und Ihr Team zu Höchstleistungen bringen

Kennen Sie den häufigsten Grund, warum Mitarbeiter nicht das tun, was ihnen aufgetragen wurde?

Es ist fast traurig, aber wahr. Meistens mangelt es daran, dass die jeweilige Führungskraft den Auftrag nicht deutlich und nachhaltig genug kommuniziert hat.

Viele Chefs geben irgendwelche Wischiwaschi-Anweisungen, die bei ihren Mitarbeitern nicht ankommen. Dieses Verhalten haben sich viele bereits am Anfang ihrer Führungslaufbahn aus Angst vor Fehlern angewöhnt und bis heute nicht wieder abgelegt.

Genau deshalb habe ich für mich eine Regel eingeführt, die ich jedes Mal beherzige, wenn ich will, dass ein Mitarbeiter oder mein Team etwas tut:

Wenn ich etwas verlange, dann demonstriere ich es auch. Dann kommuniziere ich es klar (mit Begründung und Nutzen), ohne nur hohle Phrasen zu dreschen.

Lesen Sie diesen Satz gerne zwei-, drei- oder sogar hundertmal, bis er sich in Ihre Stirn eingebrannt hat wie ein Tattoo, das für immer dort sitzt und das Sie jeden Tag immer und immer wieder sehen.

Allein dieser Satz wird Ihre Führungsfähigkeiten in der nächsten Zeit erheblich steigern. Ich werde Ihnen zeigen, warum das so ist.

In der Führung gibt es keinen größeren Fehler als Angst davor zu haben, zu führen. Das klingt absurd, ich weiß. Aber viele Führungskräfte auf den verschiedensten Ebenen haben einfach viel zu viel Angst davor, Fehler zu machen und geben deshalb nur kleine, unsichere Anweisungen, anstatt starke Entscheidungen zu treffen. Sie schieben es auf die lange Bank oder hoffen, dass von selbst etwas passiert.

Viele Menschen sind froh, wenn jemand voranschreitet und den Weg für die anderen bereitet. Denn nur dann können Teams entstehen, die Ziele erreichen.

Dabei müssen Sie sich nicht um alle Details kümmern und jeden Schritt mit jedem Einzelnen gehen. Ihre Hauptaufgabe ist es, Entscheidungen zu treffen und klar die Richtung vorzugeben, in die es gehen soll. Warten Sie nicht, bis jemand kommt, der Sie an die Hand nimmt und Ihnen zeigt, wie alles funktioniert. Sie müssen es selbst tun, deswegen sind Sie eine Führungskraft.

Bevor Sie ein neues Projekt beginnen oder sich mit Ihren Mitarbeitern neue Ziele stecken, analysieren Sie selbst, welche Meilensteine zu erreichen und welche Hindernisse zu überwinden sind. Suchen Sie nach den entscheidenden Eckpunkten in jedem Projekt und legen Sie möglichst schriftlich nieder, was Sie wie und mit welchen Mitteln erreichen wollen. Sie sehen innerhalb kürzester Zeit, an welchen Punkten sich das Gelingen Ihres Projekts entscheidet, und können sich dann selbst im „Schwergewicht“ positionieren. So können Sie sich bereits im Vorfeld auf zukünftige Aufgaben einstellen. Wenn Ihr Team dann einen dieser Punkte erreicht, können Sie mithelfen, diese Hürden zu überwinden. Damit schlagen Sie zwei Fliegen mit einer Klappe: Sie wissen einerseits mit hoher Wahrscheinlichkeit schon vorher, wo Sie eingreifen müssen, bevor eine Situation eintritt. Und andererseits steigt Ihr Ansehen bei Ihren Mitarbeitern, weil Sie vorausgedacht und bereits eine Lösung haben, bevor ein Problem auftritt.

Das heißt, Sie sind Ihrem Team immer einen Schritt voraus und kümmern sich bereits heute um die Dinge von morgen, sodass alles reibungslos ablaufen kann und Sie den Projektabschluss oder Ihr Ziel schneller erreichen als alle anderen. Es geht darum, aktiv zu handeln und sich nicht in eine Situation bringen zu lassen, wo Sie nur noch reagieren können. Achten Sie deshalb genau auf Vorzeichen und beobachten Sie die ganze Entwicklung, denn die meisten Probleme entstehen nicht plötzlich aus heiterem Himmel, sondern sie kündigen sich häufig lange vorher an.

Ihre so gestaltete Eigeninitiative führt dazu, dass Ihr Leadership und damit auch Ihr gesamtes Team an Geschwindigkeit aufnehmen. Wenn das passiert, dann werden sich Dinge bei Ihnen einstellen, die so unglaublich sind, dass es sich fast wie Magie anfühlt. Denn ein Team, das mit Hochgeschwindigkeit unter einem echten Leader zusammenarbeitet, ist wie ein riesiger Güterzug, der nicht mehr zu bremsen ist, wenn er einmal Fahrt aufgenommen hat.

Auch Sie können so etwas im kleinen oder auch großen Rahmen bewirken, wenn Sie die Dinge in diesem Buch beherzigen. Übernehmen Sie die Verantwortung für alles und legen Sie Ihre Angst vor Fehlern ab. Das ist zwar einfacher gesagt als getan, weil die Angst vor Versagen tief in unserem menschlichen Gehirn verankert ist. Genau aus diesem

Grund fällen die Menschen auch so ungern Entscheidungen. Wenn Sie aber vorankommen wollen, dann müssen Sie in Zukunft mehr Mut zur Entscheidung haben. Sie werden niemals hundertprozentig sicher sein können, wohin diese führt. Sie werden vorher nie sicher sein können, ob eine Entscheidung richtig ist, sondern immer erst nachher. Letztendlich können Sie dann aus den daraus resultierenden Ergebnissen neue Ideen und Fähigkeiten schöpfen, um in Zukunft neue, bessere Entscheidungen zu treffen.

Mit der Zeit und den Methoden in diesem Buch werden Sie so viel Selbstvertrauen aufbauen, dass Sie keine Angst mehr vor einem schlechten oder unzureichenden Ergebnis haben werden. Egal, was kommt, Sie wissen, dass Sie letztendlich das Ziel erreichen!

Wie Sie es schaffen, in Zukunft immer weniger Risiko bei Ihren Entscheidungen einzugehen und Ihre Ergebnisse immer weiter zu verbessern, zeige ich Ihnen in einem späteren Kapitel, im „Core-Leadership-Prozess". Dann scheint plötzlich alles ganz klar und logisch zu sein, warum und wie alles zueinander geführt hat.

Das Geheimnis der wirklich außergewöhnlich erfolgreichen Menschen auf diesem Planeten ist meiner Meinung nach nicht, dass sie immer die richtigen Entscheidungen treffen, sondern dass sie in der Lage sind, trotz einer falschen Entscheidung doch noch einen Erfolg zu bewirken.

6. Einarbeiten von neu aufgestiegenen Führungskräften

Ich habe ja bereits in den letzten Kapiteln dargelegt, dass ich der Meinung bin, dass die klassischen Führungsstile keine Zukunft haben werden. Im Folgenden möchte ich darauf eingehen, wie Sie Ihre Mitarbeiter am besten führen, sodass nicht nur Ihr Team, sondern auch Sie am meisten davon profitieren. Mit „am meisten" meine ich sowohl den Erfolg als auch die persönliche Befriedigung, die ja noch wichtiger ist als der monetäre Erfolg.

Mitarbeiter haben ein feines Gespür dafür, wer es draufhat und wer nicht. Wenn sich herausstellt, dass Sie als Führungskraft Dinge fordern, die Sie selbst nicht zu tun bereit sind, dann sinkt sofort die Bereitschaft der anderen, ihr volles Potenzial auszuschöpfen. Sie müssen natürlich nicht wie eine Glucke ihren Mitarbeitern hinterherrennen und sich die gesamte Arbeitslast selbst aufladen, sondern zusehen, dass Sie sich zuerst um die wichtigen Aufgaben kümmern. Diese sind, neue Mitarbeiter einzuarbeiten und die bestehenden zu führen.

Neue Mitarbeiter einzuarbeiten, bedeutet für Sie als Führungskraft immer und vor allem, dass Sie Ihren Leuten die Werte und Regeln des Teams vermitteln und zusehen, dass sich die Person so schnell wie möglich als vollwertiges Mitglied in die bestehende Gruppe integriert und seine volle Leistung abruft. Deshalb brauchen neue Leute auch vorübergehend mehr Aufmerksamkeit von Ihnen, damit Sie herausfinden, wo und wie Sie den Mitarbeiter anpacken müssen, dass etwas vorangeht.

Sie können natürlich nicht immer alles tun, aber je nach Führungsebene müssen Sie sich Leute nachziehen, die dann unter Ihnen eine Führungsaufgabe übernehmen. Wenn Sie beispielsweise vom Verkäufer zum Verkaufsleiter aufsteigen, dann ist es Ihre Aufgabe, dem neuen Verkäufer zu zeigen, wie er am besten erfolgreich verkauft.

Dabei ist es wichtig, dass Sie als Vorbild dienen, an dem sich der neue Mitarbeiter orientieren kann. Und das heißt in dieser Position: Sie müssen mit ihm zusammen Termine vereinbaren und neue Kunden gewinnen, bis er allein laufen und selbstständig neue Kunden akquirieren kann.

Die Grundregel lautet hier: Wenn Sie am Telefon sitzen und neue Kunden anrufen, um einen Termin zu vereinbaren, dann sitzt Ihr Mitarbeiter auch am Telefon und vereinbart Termine. Wenn Sie gemütlich in der Cafeteria stehen und mit Kollegen plaudern, dann steht auch Ihr neuer Mitarbeiter in der Kantine und plaudert mit Kollegen.

Wenn Sie dann vom Verkaufsleiter zum Teamleiter aufsteigen, dann müssen Sie den Ihnen untergeordneten Verkaufsleitern zeigen, wie diese neue Verkäufer einarbeiten. So rutschen Sie immer weiter hoch und ziehen sozusagen auch Ihre Führungsaufgabe immer eine Position nach oben hinterher.

Ihr Aufgabenprofil vom Verkäufer bis hin zum Direktor Ihres Unternehmens kann dann beispielsweise so aussehen:

Verkäufer: Sie müssen verkaufen.

Teamleiter: Sie sind das Vorbild für die Verkäufer und müssen vorbildhaft auch selbst verkaufen.

Filialleiter (Sie führen mehrere Teams): Sie sind das Vorbild für Ihre Teamleiter und müssen diesen zeigen, wie man Verkäufer führt und neue gewinnt.

Regionalleiter (Sie führen mehrere Filialen): Als Regionalleiter sind Sie Vorbild für Ihre Filialleiter, die Sie direkt führen und ihnen zeigen, wie man Teamleiter führt.

Ich persönlich bin ein Fan der sogenannten „Musterfiliale", die ich mir auch über meinen gesamten Karriereweg beibehalten habe.

Als Frontline Leader coache ich so direkt meine Mitarbeiter „on the job" und bin mitten im Geschehen.

Ich habe dieses Beispiel noch einmal so klar strukturiert aufgezeigt, um Ihnen eine Führungsstrategie zu zeigen, die Sie sofort für sich einsetzen können und die Sie befähigt, neu aufgestiegene Führungskräfte schneller an ihre neue Position zu gewöhnen und diese dort sofort durchstarten zu lassen.

Geben Sie Ihren Mitarbeitern nicht erst die Qualifikation und Kompetenzen, wenn sie eine gewisse Position erreicht haben, sondern sorgen Sie dafür, dass jeder das notwendige Handwerkszeug bereit hat, noch bevor er in die jeweilige Position nach oben rutscht.

Bevor ein Teamleiter also zum Manager wird, ist es Ihre Aufgabe, dafür zu sorgen, dass diese Person mit den Fähigkeiten ausgestattet wird, die sie in Zukunft benötigt.
Natürlich wird das nicht immer auf Anhieb klappen und oft müssen Sie dann noch einmal nachjustieren, aber mit dieser Strategie lassen Sie mit Garantie alle Konkurrenten hinter sich, die sich dieser Technik nicht bedienen.

Die sogenannte Musterfiliale ist ein geniales Führungstool, mit dem Sie in jedem Bereich zuständig für die Hauptaufgaben bleiben und trotzdem in der Lage sind, große Teams mit Hilfe des Frontline-Leadership-Systems zu führen.

Dafür nehmen Sie sich einen Teil Ihrer Struktur – am besten Ihr wichtigstes Team – und führen dieses auf jeder Ebene direkt.Das bedeutet, Sie picken sich einen Stamm von Mitarbeitern heraus, die Sie beispielhaft auf den verschiedenen Ebenen führen, und sind direkt verantwortlich für einen Regionalleiter, einen Filialleiter und einen Teamleiter. So können alle anderen Mitarbeiter Ihrem Beispiel folgen und genau das duplizieren, was Sie mit den Leuten tun. Damit behalten Sie immer den Überblick über das gesamte Geschehen, können sich an neue Situationen anpassen und werden in Ihrem gesamten Team als strukturübergreifende Instanz wahrgenommen.

Am besten funktioniert diese Technik, wenn Sie gleich am Beginn eine „Musterfiliale“ schaffen und dann alle anderen Teams um dieses Beispiel herum aufbauen. Auch wenn Sie schon für ein größeres Team verantwortlich sind, können Sie dieses Tool nutzen, um Ihren Führungseinfluss auszuweiten und wesentlich bessere Ergebnisse bewirken. Auf diese Weise werden Sie nicht nur zum Vorbild für Ihre direkten Mitarbeiter, sondern positionieren sich für jeden auf jeder Ebene als starker Leader.

7. Arbeit der Mitarbeiter überprüfen

Natürlich müssen Sie auch Ihre Mitarbeiter überwachen und kontrollieren. Das können Sie ganz „klassisch“ machen, indem Sie täglich oder wöchentlich Zahlen und Leistungsdaten abfragen, oder Sie lösen das Ganze etwas galanter.

Wenn Sie sich nach dem Frontline-Leadership-System in den Mittelpunkt des Geschehens gebracht haben und nicht nur als Chef von außen Druck machen, dann nenne ich das „in der Lage leben“. Dann fällt Ihnen auch die Überprüfung Ihrer Mitarbeiter viel leichter.

Zum einen sind Sie immer mitten im Geschehen und bekommen direkt mit, was passiert, und zum anderen können Sie genau sehen, wann und wie Ihre Mitarbeiter Unterstützung von Ihnen brauchen.

Als echter Leader genießen Sie nicht nur großes Vertrauen, sondern auch die Wertschätzung Ihrer Mitarbeiter. Ihre Mitarbeiter wissen in der Regel genau, was es zu tun gibt.

Wenn Sie beispielsweise die Verkaufszahlen eines Verkäufers abfragen, dann können Sie dabei in den Mitarbeiter hineinhorchen und herausfinden, was er wie, warum, wie oft und mit welcher Intensität getan hat. Fragen Sie ihn, zu welchen Ergebnissen dieser Aufwand geführt hat und ob er persönlich damit zufrieden ist. So bekommen Sie statt nackter Zahlen viel mehr verwertbare Parameter, die Sie als klassische Führungskraft niemals bekommen würden, weil Ihr Mitarbeiter weiß: *Wenn der zu mir kommt, dann will er mich abfragen, oder er will, dass ich etwas für ihn tue.* Und damit wird es sehr schwer, wirklich kompetente Führungsentscheidungen zu treffen.

Wenn Sie so vorgehen, werden die Leute langfristig einfach „verbrannt" und ausgelaugt. Ich weiß, dass es da draußen viele Unternehmen gibt, die sich ein regelrechtes Mitarbeiterfeuer angezündet haben, in dem sie in hoher Frequenz ihre Mitarbeiter verheizen und aussaugen und mit Herzinfarkt wieder ausspucken.

Wenn Sie in einer solchen Firma arbeiten, dann kann ich Ihnen nur raten, gleich morgen zu Ihrem Chef zu gehen und Ihre Kündigung einzureichen, denn unter solchen Umständen machen Sie sich langfristig kaputt.

Suchen Sie sich stattdessen lieber eine neue Firma, bei der echte Werte vertreten werden und wo der langfristige Bestand und die Mitarbeiter mehr zählen als 0,3 Prozent Mehrgewinn zum Quartalsende, damit der oberste Sklaventreiber seinen Bonus bekommt.

Ja, wir leben in einer leistungsorientierten, sich immer schneller verändernden, globalen Gesellschaft und Kultur, bei der viele dieser Werte untergehen. Lassen Sie sich aber in Ihrer eigenen Sache nicht beirren und verraten Sie Ihre Werte nicht.

Denken Sie dabei gelegentlich an meine Geschichte, wenn ich zu dieser Herangehensweise aufrufe. Wahrscheinlich gehöre ich in der gesamten europäischen Wirtschaft zu einem der leistungsorientiertesten und wettbewerbsgierigsten Menschen. Ich war mehr als einmal in der Lage, meine Teams gegen die gesamte europäische Elite in meiner Branche auf Platz eins zu positionieren – und das mittlerweile mehrere Jahre in Folge.

Aber ich habe niemals meine Werte vergessen, immer nach bestem Wissen und Gewissen gehandelt, weil tief in mir der Glaube verwurzelt ist, dass wie im Film die Guten letztendlich immer siegen werden.

8. Führen ohne Druck

Die Führungsdiät: Weniger ist manchmal mehr. Ja, man kann auch zu viel führen! Das Werkzeug Leadership kann man ganz einfach missbrauchen und deshalb wird das auch tagtäglich in deutschen Unternehmen praktiziert. Denn die meisten Führungskräfte kennen bisher nicht den Unterschied zwischen „delegieren" und „abwälzen". Deshalb kommen hier meine Definitionen:

„Delegieren": Einem Mitarbeiter Verantwortung für eine Tätigkeit übertragen und ihn mit der Erledigung beauftragen, nachdem ich ihn dazu befähigt habe.

„Abwälzen": Ich habe keine Lust etwas zu tun und deshalb trage ich es jemand anderem auf, der sich dagegen nicht wehren kann.

Während Delegieren in den meisten Fällen zu einem guten Ergebnis führt, wird beim Abwälzen nicht nur langfristig die Beziehung zur Führungskraft zerstört, auch die Motivation des Mitarbeiters sinkt mit jedem Mal, wenn ihm etwas aufgedrückt wird.

Menschen, die so führen und so lange alles auf ihre Mitarbeiter abladen, bis sie schon gar nichts mehr von der eigentlichen Materie verstehen, weil sie sich selbst immer davor gedrückt haben, verwechseln Führen mit Druck ausüben und unterschreiben damit auf lange Sicht auch ihr eigenes Todesurteil. Wenn Sie aber die in diesem Buch aufgeführten Taktiken für sich anwenden, dann werden Sie sehen, dass Sie auf eine regelrechte Führungsdiät gehen können, weil Sie nicht mehr durch Druck, sondern vielmehr durch Sog führen. Damit nehmen Sie den Druck von Ihren Leuten, und es funktioniert einfach alles besser.

Wer mit Frontline Leadership führen möchte, darf nicht langsam, faul und behäbig sein. Er wird dafür mit viel mehr belohnt als jeder andere.

Haben Sie keine Angst davor, wenn jemand besser ist als Sie selbst. Das ist völlig unbegründet, denn Ihre Aufgabe als Führungskraft ist es, die richtigen Menschen am richtigen Platz in Ihrem Team einzusetzen. Es geht nicht darum, Angst vor starken Leuten zu haben, sondern diese Leute zu fördern und richtig einzusetzen. Behalten Sie dabei Ihren Leadership-Ansatz und positionieren Sie sich immer im Schwergewicht des Geschehens.

Auch ich hatte in meiner Karriere oft mit Menschen zu tun, die in verschiedenen Disziplinen viel besser waren als ich und die mich hätten überflügeln können, wenn ich sie falsch eingesetzt und mich nicht bemüht hätte.

Ich war immer ein Freund davon, herausragende Leistungen anderer anzuerkennen, und hatte dann umso mehr den Ansporn, selbst auch Leistung zu bringen. Denn das ist der einzige Punkt, an dem Sie verlieren können: Wenn Sie nichts sagen oder die Leistung eines anderen schlechtreden. Wenn Sie das wiederholt vor Ihrem Team tun, dann haben Sie sehr bald ein Führungsproblem. Ihre Mitarbeiter werden misstrauisch und überlegen, ob Sie schwach oder einfach nur falsch sind, weil Sie jemand anderen kleinmachen müssen, um sich selbst größer zu fühlen.

Und zum Schluss dieses Abschnitts habe ich noch eine Regel für Sie, die in einem Satz zusammenfasst, wieso Anerkennung ein tolles Führungstool ist: Denn, an der Stelle, wo es im Verkaufsgespräch heißt: Wer fragt, führt, gilt im Leadership der folgende Satz: ***Wer ehrlich lobt, führt!***

9. Wie man sich von Mitarbeitern trennt

Ja, auch über die Kündigung von Mitarbeitern möchte ich mit Ihnen sprechen. Manchmal muss man als Führungskraft unangenehme Entscheidungen treffen und Mitarbeiter freisetzen, die einfach nicht passen. Dafür gibt es eine Einteilung in vier Gruppen, die Ihnen dabei helfen kann, die einen von den anderen Mitarbeitern zu unterscheiden:

1. fähig und willig,
2. fähig und unwillig,
3. unfähig und willig,
4. unfähig und unwillig.

Über den fähigen und willigen Mitarbeiter gibt es nichts weiter zu sagen, außer dass Sie diese Menschen auf jeden Fall so lange wie möglich halten sollten. Diese Leute sind bereit,

Leistung zu bringen, und können ihre Aufgaben auch selbstständig und in hoher Qualität ausführen.

Anders dagegen verhält es sich mit den fähigen und unwilligen Mitarbeitern, die zwar eigentlich in der Lage dazu wären, die Dinge zu tun, die aber zu faul und nicht willig sind, mehr als nur das Allernötigste zu machen. Auch wenn diese Personen oft eine hohe Beliebtheit in der Gruppe haben, laufen Sie hier Gefahr, dass sich Ihr Team von der „Was du heute kannst besorgen, verschiebe lieber gleich auf morgen"-Metalität anstecken lässt, was die gesamte Teamleistung nach unten zieht. Bei diesen Personen müssen Sie genau darauf achten, dass Sie die Arbeit stark und nachhaltig einfordern.

Kommen wir zur tragischsten der vier Gruppentypen, den unfähigen und willigen Mitarbeitern. Das sind die Mitarbeiter, die zwar bereit sind, alles zu tun, die aber leider nicht über die notwendigen Fähigkeiten verfügen, um die geforderte Leistung zu bringen. Das sind die armen Opfer, die es in fast jedem Team gibt und die fast an ihrem Scheitern verzweifeln. Sie geben sich kontinuierlich und unermüdlich Mühe, allen Anforderungen gerecht zu werden, bleiben aber trotzdem hinter den anderen zurück.

Anstatt diese Leute aber einfach abzusägen und rauszuschmeißen, sollten Sie sich fragen, welche anderen Qualitäten diese Person mitbringt und wo sie ihre Stärken einsetzen kann, anstatt sich weiterhin zu quälen. Oft verbergen sich in diesen Leuten nicht erkannte Talente in anderen Bereichen, für die sie eine echte Optimalbesetzung sind.

Nun zur letzten Gruppe, den unfähigen und unwilligen Mitarbeitern. Hier haben wir ein Paradebeispiel für die Mitarbeiter, die Sie so schnell wie möglich loswerden und ersetzen sollten. Bei Mitarbeitern dieser Gruppe kommt es einem oft so vor, als wären sie nur im Büro, weil es dort warm ist und weil man sich dort mit anderen netten Leuten treffen kann, die nichts Besseres zu tun haben. Sie können und wollen einfach nichts tun, was zu Ergebnissen führt, sind faul und lassen sich auch durch gutes Zureden nicht motivieren.

Damit sich diese Leute überhaupt in Bewegung setzen, müssen Sie als Führungskraft ungeheure Energie aufwenden. Selbst dann wird sich dieser Mitarbeiter nur im Schneckentempo bewegen, um schon nach kürzester Zeit das Handtuch zu werfen, weil ihm aufgrund seines geringen Aufwands und der mangelnden Fähigkeiten keinerlei Erfolge gelingen.

Ich sage zu solchen Menschen gerne: „Wir sind ein Fitnesscenter und kein Krankenhaus." Damit ist gemeint, dass wir in der Lage sind, gesunde Menschen besser zu machen, aber nicht, Kranke wieder gesund zu machen. Es ist daher auch nicht schlimm, wenn Sie dafür sorgen, dass diese Person so schnell wie möglich ihr Team verlässt und bei der Konkurrenz anheuert, um dort den Geschäftsbetrieb aufzuhalten.

Bei der Freisetzung von ungeeigneten Mitarbeitern kommt es aber sehr stark auf das ***„Wie"*** an, also wie die Kündigung stattfindet. Ich persönlich kann jedem meiner ehemaligen Mitarbeiter in die Augen sehen. Mir war es immer wichtig, dass ich nicht die Straßenseite wechseln muss, wenn ich einem von ihnen begegne.

Menschen zu kündigen, gehört einfach zu Ihren Aufgaben als Führungskraft. Führen heißt vor allem Entscheidungen treffen – so unangenehm sie auch sein mögen. Wenn Sie beispielsweise einen Mitarbeiter freisetzen müssen, der zwar willig, aber leider unfähig ist, dann stellen Sie ihn nicht einfach vor vollendete Tatsachen, sondern sagen Sie ihm ganz offen und ehrlich, dass er den Erfolg nicht bekommen kann, den er sich bei Ihnen wünscht. Werfen Sie ihn nicht einfach hinaus, sondern lassen Sie ihn selbst erkennen, dass seine

Zukunft woanders liegt, und machen Sie ihm wenn möglich Vorschläge für eine andere Zukunftsplanung. Probieren Sie das einmal aus und Sie werden sehen, welchen signifikanten Unterschied das bei Ihren Mitarbeitern ausmacht.

Wenn etwas unangenehm ist, dann müssen Sie diese Dinge unbedingt auf der Sachebene und nicht auf Emotionsebene klären. Zeigen Sie dem Mitarbeiter auf, welche Ergebnisse er bewirkt hat, und geben Sie ihm einen Ansatz dafür, wo er seine Stärken in Zukunft besser einsetzen kann, ohne dass er ständig versucht, mit seinen Schwächen zu kämpfen. Oft sind die Leute extrem dankbar für solch eine Hilfestellung, weil sie selbst zwar erkennen, dass bei ihnen nichts passiert, aber nicht warum.

Auch ich habe in dieser Beziehung am Anfang meiner Karriere viel falsch gemacht und aus diesen Fehlern gelernt, sodass ich überzeugt bin, dass ein sozialverträglicher, möglichst positiver Ausstieg für alle Parteien Vorteile bringt.

Der Mitarbeiter wird nicht einfach gekündigt, sondern er weiß warum und er sieht, wo seine neuen Möglichkeiten liegen. Ihnen als Führungskraft fällt die Entscheidung auf diese Weise leichter. Der gute Ruf Ihrer Firma bleibt bestehen, weil Sie sich weniger Feinde machen und in der Öffentlichkeit nicht als „miese Halsabschneider, die einfach so Leute rausschmeißen" wahrgenommen werden.

10. Auch eine Führungskraft darf Fehler machen

Bevor ich Sie nun mit meinem Frontline-Leadership-System vertraut mache, möchte ich Sie an dieser Stelle zunächst einmal beglückwünschen! Warum? Ganz einfach!

Rein statistisch gesehen gehören Sie in mehrfacher Hinsicht zu einer exklusiven Minderheit. Dass Sie dieses Buch bis zu dieser Stelle gelesen haben und mir in meinen Ausführungen gefolgt sind, hat zur Folge, dass sich bereits mehrere Dinge bei Ihnen verändert haben.

Sie haben sicherlich festgestellt, dass sich Ihr Denken über das Thema Führung verändert hat und dass Sie viele neue Impulse bekommen, die Ihnen Ihre tägliche Arbeit erheblich vereinfachen.

Einen weiteren Faktor kann ich Ihnen noch aufzeigen, der Sie freuen wird: Allein die Tatsache, dass Sie bis hierher gelesen haben, gibt Ihnen gegenüber 97 Prozent aller Führungskräfte einen Vorsprung. Denn obwohl diese Menschen ihr Geld damit verdienen, andere zu führen, beschäftigen sich im Laufe ihrer gesamten Karriere nur weniger als drei Prozent überhaupt mit diesem Thema. Sie sind also auf einem guten Weg! Und wenn Sie auf diesem Weg in Zukunft feststellen, dass Ihnen doch einmal ein Führungsfehler unterlaufen ist, dann ist das kein Beinbruch.

Anfangs habe ich dann immer versucht, das zu verbergen, aber im Laufe der Jahre habe ich erkannt, dass es gar nicht notwendig ist, seinen Mitarbeitern den Mister oder die Miss Perfect vorzuspielen. Ich dachte immer, dass ich nach außen perfekt sein muss, um keinerlei Angriffsfläche zu bieten, bis ich festgestellt habe, dass genau das Gegenteil der Fall ist. Halb perfekt reicht völlig aus, denn sonst denken die Mitarbeiter, dass sie mein Leistungsniveau sowieso nicht erreichen können. Gewinnen muss man nur dann, wenn es wirklich darauf ankommt.

Wenn etwas Negatives passiert oder eine Fehlentscheidung gefallen ist, dann lassen Sie einfach so schnell wir möglich davon ab und stehen Sie dazu, dass Sie einen Fehler gemacht haben. Denken Sie darüber nach, was passiert ist, und überlegen Sie sich, wie Sie die Dinge am besten angehen, um den gleichen Fehler in Zukunft nicht noch einmal zu machen. Sonst besteht nämlich die Gefahr, dass Sie der ganze Mist in einer regelrechten Abwärtsspirale nach unten zieht.

Jetzt aber genug gequatscht, kommen wir endlich zum Frontline-Leadership-System!

TEIL II

Das Frontline Leadership-System

Vier Schritte für den Einstieg

Frontline Leadership ist das Ergebnis aus über 25 Jahren Erfahrung, Führung und konstanter Weiterentwicklung in einem der wettbewerbsorientiertesten Führungsszenarien der Welt. Ich bin stolz darauf, Ihnen dieses neue, fortschrittliche System zugänglich zu machen und bin mir sicher, dass Sie erheblich davon profitieren werden.

Wie Sie ja bereits gelesen haben, komme ich aus der Welt des Vertriebs, wo ich direkt für mehrere Milliarden Umsatzvolumen verantwortlich war und bis heute zu den Top-Leadern gehöre. In dieser Branche kommt es darauf an, dass man extrem emotional und konsequent führt, sonst verliert man schnell seine Leute, aber auch zu viel Druck kann schnell alles zerstören, weil dann die gewünschten Erfolge ausbleiben.

Behalten Sie bitte eines immer im Hinterkopf: Das oberste Ziel im Leadership ist, Ergebnisse zu bewirken!

Um Ihnen den Einstieg in Frontline Leadership zu erleichtern, habe ich das System in vier Schritte aufgeteilt:

1. sich selbst führen,
2. zukünftige Führungskräfte und Mitarbeiter rekrutieren,
3. einzelne Mitarbeiter führen,
4. Teams führen und Organisationen aufbauen.

Natürlich steckt hinter jedem einzelnen Punkt viel mehr, als auf den ersten Moment erkennbar ist, und deshalb möchte ich nun der Reihe nach die vier Schritte mit Ihnen durchgehen, um Ihnen auf diesem Weg viele wertvolle Tools an die Hand zu geben, die Sie sofort für Ihre eigene Führungsarbeit einsetzen können.

Schritt I: Sich selbst führen

Wenn Sie ein echter Leader werden wollen, dann müssen Sie in Ihrem Kopf ein paar Dinge zulassen.

Dazu gehört auch, dass Sie zunächst einmal sich selbst führen können müssen, bevor Sie beginnen, andere zu Höchstleistungen zu bringen.

Die Grundlage für diese Einstellung ist, dass Sie Ihre innere Haltung zum Thema Führung genau in die richtige Richtung lenken und verstehen, worum es im Leadership geht, sonst klappt das nicht.

Sie sind ab heute nicht mehr Chef, sondern ein echter Leader, und zu Ihrem Aufgabenprofil gehört es, nicht mehr nur Anweisungen zu geben, sondern Sie müssen anderen vorleben, was Sie von ihnen erwarten.

Ich habe für mich eine persönliche Definition von Leadership, die auch Sie sich gerne aneignen dürfen:

Ein Leader ist der, der Menschen dafür gewinnt, seinem Vorbild zu folgen, und sie auf dem Weg begleitet, während er sie anleitet, das Gleiche zu tun wie er selbst, um sie danach in die Selbstständigkeit zu entlassen.

Führung basiert in diesem Kontext in erster Linie auf Selbstdisziplin, denn die meisten Menschen wissen eigentlich, was sie tun sollten, sie tun es aber aus den unterschiedlichsten Gründen nicht.

Oft sind wir einfach zu faul, zu bequem, zu ängstlich oder zu unsicher, als dass wir bereit wären, uns aufzurappeln und richtig anzupacken.

Selbstdisziplin ist ein echter Erfolgsfaktor. Wenn Sie oft Dinge tun, auf die Sie eigentlich keine Lust haben, die aber trotzdem wichtig und richtig sind, dann kommen Sie in vielen Fällen einfach nicht mehr am Erfolg vorbei.

Das Gute daran ist, dass die meisten Leute beim Thema Selbstdisziplin so schlecht sind, dass Sie sich nur ein wenig zusammenreißen müssen, um sich sehr schnell von 95 Prozent aller anderen abzuheben.

Wenn Sie sich selbst im Griff haben und es schaffen, sich selbst zu führen, dann können Sie auch andere führen und zusätzlich Verantwortung für andere auf sich nehmen. Dann können Sie zum echten Leader werden.

16 Charakter- und Persönlichkeitseigenschaften des echten Leaders

Im Frontline-Leadership-System gibt es 16 Charakter- und Persönlichkeitseigenschaften, die Sie ganz an die Spitze bringen werden, wenn Sie diese als Leader in sich vereinen. Manche davon kann man lernen, andere wiederum müssen bereits vorhanden sein.

Diese Charakter- und Persönlichkeitseigenschaften sind gleichzusetzen mit Werten, die Sie in sich tragen und die Ihr Handeln von Tag zu Tag bestimmen.

Ein Wert kommt selten allein und ist dabei immer gepaart mit anderen. Kommen wir nun also zu den 16 Charakter- und Persönlichkeitseigenschaften. Die ersten fünf müssen Sie in sich tragen, weil sie nicht erlernbar sind. Die restlichen können von jedem erlernt werden, sodass sie in ihrer Gesamtkombination die Wirkung entfalten, die wir uns wünschen:

1. Entschlusskraft

Ein echter Leader muss Tag für Tag Entscheidungen treffen. Und zwar nicht irgendwelche Entscheidungen, sondern solche, die konsequent, konkret und zielorientiert sind. Sie dürfen keine Angst davor haben oder zu lange zögern. Entscheidungen zu treffen, ist Ihr Job und dafür werden Sie letzlich bezahlt.

Viele Menschen haben eine regelrechte Angst vor Entscheidungen und sind wahre Meister darin, die Dinge aufzuschieben und lange darüber nachzudenken, ohne jemals zu einem Ergebnis zu kommen. Keine Entscheidung ist perfekt und kein Konzept so ausgefeilt, dass man mit hundertprozentiger Sicherheit einen Erfolg vorhersehen kann.

Treffen Sie Ihre Entscheidungen schnell und konsequent, um dann in der Praxis den Kurs wie ein Steuermann auf einem Boot immer wieder anzupassen.

2. Loyalität zur Sache

Meistens wird Loyalität so verstanden, dass ich als Mitarbeiter zu meiner Führungskraft halte, egal wie viel Mist sie baut und wie schlecht sie mich behandelt. Genau das meine ich hier nicht. Mir geht es darum, dass Sie Loyalität, also eine gewisse Treue, der Sache entgegenbringen, die Sie da tun.

Wenn Sie sich entschieden haben, für eine Sache zu kämpfen und Ihre Kräfte einzusetzen, dann bleiben Sie auch konsequent dabei. Seien Sie sich dabei immer bewusst, dass es um das große Ganze geht, und verbeißen Sie sich nicht zu sehr in den Gedanken, dass Sie sich an eine bestimmte Person hängen müssen, die zwar Ihre persönliche Loyalität fordert, die Sache aber dabei völlig ignoriert.

Um das alles etwas anschaulicher zu gestalten, denken Sie nur einmal an einen Söldner: Dem ist es egal, wofür und auf welcher Seite er kämpft. Hauptsache der Sold stimmt. Viele Leute lassen sich kurzfristig vom Ruf des Geldes blenden, vergessen dabei aber, worum es eigentlich geht und was das „Richtige" ist. Und dann verhalten sie sich der Sache gegenüber unloyal.

3. Aufrichtigkeit

Aufrichtigkeit und Ehrlichkeit sind mit die wichtigsten Schlüssel, wenn man Menschen für sich gewinnen möchte. Aber Aufrichtigkeit bringt Sie auch langfristig in anderen Bereichen weiter.

Nicht umsonst gibt es den Spruch: Ehrlich währt am längsten. Jeder Mensch hat Schwächen und macht Fehler. Es ist keine Schande, diese zuzugeben. Auch bei Entscheidungen und vor allem in schwierigen Situationen ist Aufrichtigkeit nicht nur sich selbst, sondern auch anderen gegenüber ein wichtiges Werkzeug und eine unersetzbare Charaktereigenschaft.

Versuchen Sie nicht zu „tricksen" oder zu „schummeln", sondern seien Sie als geradlinige, aufrichtige Person bekannt, die genau diesen Wert auch nach außen trägt.

4. Glaubwürdigkeit

Glaubwürdigkeit heißt nicht mehr und nicht weniger als: *Wenn ich etwas sage, glaubst du mir das? Warum glaubst du es mir oder nicht?*

Man glaubt Ihnen normalerweise etwas, wenn Ihr Lebenslauf und Ihr Handeln erkennen lassen, dass Sie das auch können, was Sie sagen.

Das Prinzip von Frontline Leadership basiert genau darauf: Sie erhalten dann sofortige Glaubwürdigkeit bei Ihren Mitarbeitern, wenn Sie das vormachen, was Sie von Ihren Leuten erwarten. Wer nur von den Dingen redet, dem glaubt man nicht. Wer es aber selbst tut, der macht sich einfach glaubwürdiger und bringt sich damit in eine fast unangreifbare Situation.

Denken Sie nur einmal an eine Bank, in der Ihnen ein Berater Aktien oder einen Fonds anbietet. Die Fragen, die mir dabei sofort in den Kopf schießen, sind: Wenn du genau weißt, wie man Geld macht, warum stehst du dann hier in der Bank und verdienst dein Geld nicht mit Aktien? Wie viel Geld hast du selbst in diese Position investiert und welche Ergebnisse hast du damit in der Vergangenheit erzielt?

Bisher konnte mir noch kein Banker diese Fragen zu meiner Zufriedenheit beantworten. Es fehlte einfach an Glaubwürdigkeit!

5. Integrität

Unter Integrität verstehe ich, dass Schein und Sein einer Person zusammenpassen müssen. Ehrlichkeit und Treue nur zu predigen, reicht nicht aus, Sie müssen auch konsequent danach handeln.

Oft spielen Führungskräfte nur eine Rolle, in der sie Werte predigen. Ihr Handeln ist aber genau das Gegenteil. Das ist so, als würde ein Mann immer von Ehrlichkeit und Treue reden und dann jedes Wochenende seine Frau betrügen.

Integre Menschen sind nicht in ihrer Meinung beeinflussbar, selbst wenn man ihnen eine Belohnung anbietet oder eine Bestrafung androht. Sie behalten auch in solchen Situationen ihre Meinung und verhalten sich ehrenhaft. Bei diesen Menschen weiß man einfach immer, woran man ist und worauf man sich verlassen kann.

Das sind die fünf Charakter- und Persönlichkeitseigenschaften, die Sie mitbringen müssen, um erfolgreich führen zu können, alle weiteren sind erlernbar, aber nicht weniger wichtig.

6. Tatkraft

Bei der Tatkraft geht es im Gegensatz zur Entschlusskraft um das aktive TUN, also um das Umsetzen von Entscheidungen. Manche Menschen haben zwar eine ausgeprägte Entschlusskraft, aber keine Tatkraft, weil sie ihr innerer Schweinehund davon abhält, etwas zu tun.

Tatkraft ist also nichts anderes als die Kraft, etwas umzusetzen und aktiv in Gang zu bringen. Dabei geht es nicht so sehr darum, ***was*** man tut, sondern ***dass*** man es tut, der Rest ergibt sich dann von allein.

Wenn Sie wirklich feststellen sollten, dass Sie zwar extrem entschlusskräftig, aber kaum tatkräftig sind, dann gibt es auch die Möglichkeit, sich einen Partner zu suchen, der sehr tatkräftig, aber weniger entschlusskräftig ist. Auf diese Weise lassen sich oft solche Schwächen ausgleichen und zum Vorteil aller Beteiligten nutzen.

7. Optimismus

Für mich ist vieles im Leben eine reine Einstellungsfrage. Optimismus spielt dabei eine große Rolle, denn wer positiv denkt, dem gelingt viel mehr und er erreicht bessere Ergebnisse als der Negativdenker und Schwarzseher.

Dabei will ich Sie nicht dazu bringen, den ganzen Tag mit einer rosaroten Brille herumzulaufen und zu sagen: *Alles ist schön, alles ist gut und ich bin megaglücklich!*

Optimismus ist vielmehr eine positive Erwartungshaltung, die man den Dingen entgegenbringt.

Sehen Sie Chancen, wo andere nur Probleme sehen, und nehmen Sie Herausforderungen an, wo andere den Kopf in den Sand stecken. Mit dieser Form des Optimismus kommen Sie nicht nur schneller voran, Sie stärken auch Ihre eigene Persönlichkeit und Ihr Selbstvertrauen.

8. Charakterethik

Ein etwas unübliches Wort, aber ich will Ihnen gerne erläutern, was ich damit meine: Charakterethik heißt, ich stelle nicht das ***Ich,*** also mich selbst, in den Mittelpunkt der Welt. Menschen, die das tun und die denken, alles würde sich um sie drehen, schaffen es im Moment einer wichtigen Entscheidung auch nicht, sich auf ihr Team zu beziehen und die beste Entscheidung für die Gruppe zu treffen.

Das tritt häufig ein, wenn eine Führungskraft eine Teamleistung oder eine fremde Idee als seine eigene verkauft, um sich damit beim Vorgesetzten zu profilieren.

Ein guter Leader lässt auch seinen Mitarbeitern Luft zum Atmen und sorgt dafür, dass fremde Leistung anerkannt und gelobt wird. Denn wenn ich anderen immer nur Ideen klaue und sie als meine eigenen verkaufe, mache ich mich extrem unbeliebt und bekomme keine Inputs mehr, weil ich sie missbraucht habe.

9. Verlässlichkeit

Verlässlichkeit bedeutet, dass ich das tue, was ich sage, und dass mich nichts davon abbringt, meine Zusagen einzuhalten. Oft wird diese Eigenschaft auch durch eine Handschlagmentalität deutlich, das bedeutet, mein gesprochenes Wort ist gleichzusetzen mit dem geschriebenen.

Sehen Sie sich nur einmal in Ihrem Team um und beurteilen Sie, wer verlässlich ist und wer nicht. Wer drückt sich vor der Arbeit und wer ist immer da und erledigt, was gerade ansteht, auch wenn es mal unangenehm wird?
Kleine Dinge und Tätigkeiten geben uns sehr schnell und zuverlässig Auskunft über die Verlässlichkeit einer Person. Denn oft bekommen wir nur Lippenbekenntnisse zu hören, die Handlungen sprechen aber eine andere Sprache.

10. Disziplin

Da ist sie wieder: die Disziplin! Disziplin ist so wichtig, dass ich sie an dieser Stelle als Verhaltensqualität bezeichnen möchte. Welche Qualität und welche Konsequenz haben meine Entscheidungen, etwas zu tun, und wie schwer bin ich davon abzuhalten?

Im Moment ist es 23.51 Uhr an einem Samstag, und was denken Sie, wie hoch meine Motivation gerade ist, hier an meinem Schreibtisch zu sitzen und diese Seiten zu schreiben? Hoch! Denn ich weiß, dass ich für außergewöhnliche Ergebnisse auch außergewöhnliche Disziplin an den Tag legen muss. Und deshalb ziehe ich konsequent meinen Plan durch, der mich dorthin führt, wo ich hinwill.

Ich tue einfach das, was ich mir vorgenommen habe, und denke gar nicht darüber nach. So hat mein innerer Schweinehund keine Chance, mich aus der Bahn zu werfen.

11. Kameradschaft

Diesen Begriff habe ich mir beim Militär geliehen, weil ich finde, dass er am besten beschreibt, was ich mit dieser Charaktereigenschaft meine: Ich muss nicht mit jedem in meinem Team befreundet sein und auf besten Kumpel machen, aber ich darf niemanden allein im Regen stehen lassen.

Niemand in meinem Team wird in schwierigen Situationen zurückgelassen und muss allein sehen, wie er zurechtkommt. Ich reiche jedem, der es braucht und verdient, meine Hand, um ihm dabei zu helfen, selbstständig wieder aus der unangenehmen Situation herauszukommen.

So bringe ich die Leute schnell in die richtige Spur und bemühe mich, mit ihnen zusammen, das Beste aus allem zu machen, ohne dass ich die ganze Belastung auf mich nehme. Denn dann werde ich schnell ausgenutzt und muss doppelt so hart arbeiten, weil sich jemand auf meine Kosten ausruht. Kameradschaft heißt deshalb vor allem Hilfe zur Selbsthilfe.

12. Selbstständigkeit

Um eine selbstständige, starke Führungskraft zu sein, muss ich mich selbst bewegen, eigene Entscheidungen treffen, und ich muss wissen, was zu tun ist.

Ich darf nicht nur auf Anweisungen anderer warten, sondern ich muss etwas tun, auch wenn gerade niemand hinter mir steht, der mich überwacht. Selbstständigkeit heißt nicht, dass ich tue, was ich will, sondern das ich tue was im Sinne der Sache ist.

Übernehmen Sie für sich selbst und Ihre Handlungen die Verantwortung, ohne dass sie ihnen explizit aufgetragen werden, und finden Sie neue Wege, die Ergebnisse zu erzielen, die Sie sich wünschen.

Wer selbstständig handelt, der macht auch Fehler, aber wer nur etwas tut, wenn er einen hundertprozentigen Auftrag hat, der kommt kaum vom Fleck.

13. Mut

Mut bedeutet nicht nur in der Führung, sondern auch in anderen Lebensbereichen weniger Risikofreude als Risikobereitschaft.

Ich muss bereit sein, kalkulierte und durchdachte Risiken einzugehen, weil man nie weiß, ob etwas funktioniert oder nicht. Dabei muss man sich immer bewusst sein, wohin einen diese Entscheidung im schlimmsten Fall führt und was die Belohnung für diesen Mut sein kann.

Viele verwechseln leider oft Dummheit mit Mut und begeben sich in Situationen, in denen viel mehr gefährdet wird als nur ihr Projekt.

Wie Sie in Zukunft viel mehr richtige Entscheidungen treffen als je zuvor, darauf werde ich in einem späteren Kapitel noch einmal eingehen, wenn wir über den „Core-Leadership-Prozess" sprechen.

14. Lebenslanges Lernen

Seien Sie immer und ständig bereit, neu dazuzulernen, neue Dinge zu probieren und sich weiterzubilden. Stillstand bedeutet Rückschritt und egal, wie viel Sie heute wissen, schon morgen kann es sein, dass neues Wissen dafür ausschlaggebend ist, ob Sie in diesem Spiel verlieren oder gewinnen.

Einer meiner ersten Mentoren hat zu mir einen Satz gesagt, der mir bis heute im Kopf bleibt und nach dem ich lebe: *Eine Investition in deine Ausbildung und dein Wissen bringt dir immer die besten Zinsen!*

15. Stressstabilität und Krisenfestigkeit

Die wahren Sieger erkennt man selten dann, wenn alles gut läuft, sondern immer dann, wenn Probleme auftauchen und es gilt, große Steine aus dem Weg zu räumen.

Wussten Sie, dass das chinesische Zeichen für Krise auch gleichzeitig für das Wort „Chance" verwendet wird? Das zeigt ganz deutlich die andere kulturelle Einstellung und verdeutlicht, dass in jeder Krise auch neue Chancen stecken, die genutzt werden wollen und die häufig dazu führen, dass man aus einer schwierigen Zeit oft noch viel stärker als je zuvor herausgehen kann.

Ein starker Leader bleibt immer standhaft und lässt sich auch durch Druck nicht ins Wanken bringen.

Behalten Sie deshalb immer die Nerven, suchen Sie nach den Wurzeln des Problems und graben Sie so tief, bis Sie dieses lösen können, anstatt nur an der Oberfläche zu kratzen, sodass zwar die Symptome kurzzeitig beseitigt sind, das Problem aber weiter besteht, um irgendwann wieder aufzubrechen.

16. Sich einordnen können

Ich habe mir lange überlegt, ob dieses Thema einen eigenen Punkt in dieser Aufzählung bekommen soll. Da es von essenzieller Bedeutung ist, möchte ich es hier aufführen.

Wenn Sie ein erfolgreicher Frontline Leader werden wollen, dann müssen Sie immer und in jeder Situation Ihre Position kennen. Denn meist sind Sie nicht nur Führungskraft, sondern auch gleichzeitig Geführter.

Die Bereitschaft, sich in Strukturen einzuordnen und gewisse Dinge zu akzeptieren, ist eine Charaktereigenschaft, die bei überzogenen Egomanen oft nicht vorhanden ist. Diese Leute können sich weder ein- noch unterordnen und erschweren damit das Vorankommen des ganzen Teams.

Führen heißt auch immer sich führen zu lassen. Werden Sie deshalb zum Schüler, sehen Sie genau hin, was um Sie herum passiert, und versuchen Sie, alles mit so viel Realismus wie nur irgendwie möglich zu sehen. Denn oft vernebeln uns unsere Gefühle die Sicht darauf, wie die Dinge wirklich sind.

Bevor wir weitermachen, habe ich eine kleine, aber provokative Zwischenfrage an Sie: ***Ist Ihr Chef ein Arschloch?***

Wenn Ihr eigener Chef ein Arschloch ist, dann kann es sein, dass Ihre Mitarbeiter das Gleiche von Ihnen denken. Überlegen Sie sich, ob irgendeiner Ihrer Leute einen Grund dafür haben könnte, so über Sie zu denken, und versuchen Sie sofort, diesen Umstand zu beseitigen.

Wenn Sie niemand führt, dann warten Sie nicht darauf, bis sich etwas ändert, sondern packen Sie selbst an. Versuchen Sie dabei immer, die beste Führungskraft zu sein, die Ihre Mitarbeiter jemals hatten, dann werden Sie auf lange Sicht ein echtes Superteam schaffen, das eng zusammenarbeitet und das ***Ergebnisse*** produziert.

Schaffen Sie eine Vision!

Um ein wirklich anerkannter und starker Leader zu werden, reicht es nicht aus, sich Ziele zu setzen. Sie müssen vielmehr eine Vision schaffen und den Leuten eine echte Perspektive bieten. Denn dann folgen Ihnen die Leute auch und arbeiten gemeinsam mit Ihnen.

> Eine Vision zu haben bedeutet, dass ich eine Sache, die heute noch klein ist, in Zukunft als großes Ganzes sehe. Ein guter Anführer ist dabei immer in der Lage, auch anderen dieses klare, deutliche Bild der Zukunft aufzuzeigen und ihnen in diesem Bild einen erstrebenswerten Platz zuzuweisen.

Eine Vision ist im Gegensatz zu einem Ziel nicht mit einem festen Zeitpunkt, einer messbaren Größe oder einem anderen spezifischen Ergebnis verknüpft. Sie ist vielmehr eine Vorstellung der unscharfen Zukunft, die Orientierung für das gesamte Team gibt, sodass sich die einzelnen Personen denken: *Wow! Das ist eine klasse Idee, da folgen wir dir!*

Eine Vision zu haben und diese auch zu vermitteln, ist unglaublich wichtig, insbesondere dann, wenn Ziele verfehlt werden oder der Weg mal hart wird. Denn die Vision besteht aus kleinen Zwischenetappen, den Zielen, die Teilschritte zur Vision sind. Und während da draußen jeden Tag viele Ziele verfehlt und aufgegeben werden müssen, bleibt doch die Vision bestehen, die dazu führt, dass wir neue Türen aufstoßen und neue Wege finden, sie doch noch zu erreichen.

Behalten Sie diese Vision nicht für sich, teilen Sie sie mit. Verbreiten Sie die Idee, wie es sein könnte, in den Köpfen Ihrer Mitarbeiter und Partner, damit sie in Zukunft Ihrem Voranschreiten folgen und auch wissen, warum ihr Mitwirken so wichtig ist.

Ich weiß, dass dieses Visionsgerede für viele ein wenig übertrieben klingt, aber genau das Gegenteil ist der Fall.

Erinnern Sie sich an eine der ersten Geschichten aus diesem Buch, als ich Ihnen von den schier übermenschlichen Leistungen und Umsatzsteigerungen erzählt habe?

Dabei ging es zwar immer auch um ein Ziel, aber die Vision dahinter, der Platz, den sich jeder Einzelne geben wollte, und das Gemeinschaftsgefühl, dass alles möglich war – das hatten wir immer der Vision zu verdanken, die ich von Anfang an meinen Mitarbeitern gegeben habe: die Nummer eins innerhalb des Unternehmens zu werden.

Setzen Sie sich ein Ziel!

In den nächsten Absätzen will ich mich noch kurz und knackig mit dem Thema Ziele beschäftigen, ohne Sie zu langweilen oder alten Kaffee wieder aufzukochen.

Trotzdem gibt es ein paar Dinge, die ich Ihnen auf Ihren Weg als Frontline Leader mitgeben möchte und die in meiner Karriere von entscheidender Bedeutung waren:

Die ultimative Formel: Kenne dein spezifisches Ergebnis und kenne auch deine Gründe.

Der Grund, warum so viele Menschen ständig ihre Ziele verfehlen, ist, dass sie ein entscheidendes Element in der Ausgestaltung und Formulierung vergessen: Sie sind sich selbst darüber nicht im Klaren, ***warum*** sie dieses Ziel erreichen ***müssen!***

Was ist Ihr ***Muss?*** Warum ***müssen*** Sie das erreichen, was Sie sich vorgenommen haben? Ein „will", „könnte" oder „sollte" reicht einfach nicht aus, um durchzuhalten, wenn der Weg einmal etwas steiler und steiniger wird.

Finden Sie Ihren persönlichen und unumstößlichen Grund heraus, warum Sie etwas schaffen ***müssen,*** und machen Sie sich einen genauen Plan, um auch sicher dort anzukommen.

Wenn ich damals in meinen Anfängen nicht für mich beschlossen hätte, dass ich bis ganz nach oben kommen ***muss*** und auch warum ich das möchte, dann hätte ich mehr als nur eine Gelegenheit gehabt, alles hinzuschmeißen und aufzugeben. Die Verpflichtung einer anderen Person gegenüber, die man schätzt und die einem wichtig ist, hat für mich persönlich dabei eine entscheidende Rolle gespielt.

Aber ich habe immer darauf geachtet, das zu tun, was ich mir vorgenommen hatte, und ich war mir der langfristigen Wirkung dieser Handlungen bewusst.

Ich habe für mich erkannt, und darum geht es mir in diesem Abschnitt des Buches, dass es gar nicht so schwer ist, seine Ziele zu erreichen. Man muss einfach bereit sein, so lange seinen Ansatz zu ändern, bis man letztendlich am Ziel ist. Denn dann ist alles möglich!

Am besten machen Sie es so, wie viele der großen und bekannten Menschen dieser Welt und folgend nicht nur einer Vision, sondern verknüpfen diese mit Ihrer eigenen und persönlichen Mission.

Die Vision ist das große ***Warum*** hinter Ihren Zielen und Handlungen, also der Sinn, der hinter allem steht.

Muhammad Ali, der größte Boxer aller Zeiten, hat einmal gesagt: *Meine Vision ist, der beste Boxer der Welt zu werden, und meine Mission ist, dass ich einfach boxen will.*

Der Sinn meines eigenen Lebens und das, wonach ich persönlich strebe, ist Folgendes: ***Ich will Vorbild sein, anderen den Glauben an sich selbst geben und mir und anderen Liebe schenken.***

Ganz schön kitschig, oder? Aber diese Mission, der ich heute mehr folge als je zuvor, hat mir in meinem Leben viel mehr gegeben, als ich je erwartet hätte.

Ich habe eine großartige Frau, tolle Kinder, die mir Liebe im Überfluss schenken, Partner und Mitarbeiter, die durch den Glauben an sich selbst über sich hinausgewachsen sind und die mich selbst zu einem besseren Menschen gemacht haben, weil ich ihnen als Vorbild dienen durfte.

Suchen Sie nach Ihrer eigenen Vision, Ihrer höheren Mission und folgen Sie dann unbeirrbar diesem Weg, ich kann Ihnen versichern, dass es sich vielfach lohnen wird.

Ein guter Leader ohne gute Gefolgsleute und Unterstützer (ich vermeide hier bewusst das Wort „Mitarbeiter") kann niemals etwas bewirken. Wie Sie die für sich perfekten Partner finden, sehen Sie in Schritt 2 des Frontline Leadership Modells.

Schritt 2: Zukünftige Führungskräfte und Mitarbeiter rekrutieren

Ich denke, dass der Schlüssel zu einem guten und schlagkräftigen Team nicht erst dann beginnt, wenn die Leute bereitgestellt werden, sondern dass es absolut notwendig ist, sich selbst schon von Anfang an in den Entscheidungsprozess zu involvieren.

HR-Manager und Personaler werden mich hassen, wenn ich sage, dass die klassische Form der Mitarbeiterauswahl über Dritte zwar funktioniert, aber Sie als Führungskraft damit die Chance verpassen, schon von Anfang an die Leute auszuwählen, die genau zu Ihnen und Ihrem Anforderungsprofil passen.

Führung beginnt schon in dem Moment, in dem sich entscheidet, ***wen*** Sie überhaupt in Zukunft führen werden.

Deshalb rate ich Ihnen dringend, echte Talente zu rekrutieren und sich aktiv am Entscheidungsprozess zu beteiligen. Wenn Sie dagegen die Auswahl anderen überlassen und Ihnen einfach jemand zugeteilt wird, dann müssen Sie den Mist ausbaden und haben entweder einen geeigneten oder ungeeigneten Mitarbeiter vor sich.

In der Führung ist die Beziehungsebene extrem wichtig, und wenn Sie Ihre Leute nicht selbst ausgewählt haben, dann müssen Sie es einem Personaler oder HR-Manager überlassen, anhand von Zahlen und Fakten zu entscheiden, ob jemand geeignet ist oder nicht.

Das Problem, das ich darin sehe ist, dass ein Personaler normalerweise selbst keine Führungskraft ist und deshalb kaum weiß, worauf es Ihnen ankommt. Oder er ist einfach nicht auf Ihr Gebiet spezialisiert und kann nur rein theoretisch bewerten, ob der Bewerber etwas kann, das für Sie verwertbar ist.

In den Köpfen vieler Führungskräfte existiert immer noch die Meinung, dass man ein Team vorgesetzt bekommt. Aber in fast jeder Firma gibt es die Möglichkeit, langfristig dafür zu sorgen, dass man sich selbst sein Team zusammenstellen kann, dass man Talente finden kann, die einen viel weiterbringen als die ganzen „Ja, Chef!"-Typen, die uns leider nicht wirklich weiterhelfen.

Auch wenn Sie dafür zunächst teilweise verwunderte Blicke und Unverständnis ernten, sprechen die Ergebnisse meiner Kunden und derer, die dieses Konzept beherzigen, eine eindeutige Sprache.

Von den Leadern rekrutierte und zusammengestellte Teams arbeiten schneller, effektiver und ergebnisorientierter, weil Fehler in der Personalauswahl extrem minimiert werden. Das spart langfristig viel Zeit, Kosten und auch Nerven. Denn wenn Sie gleich von Anfang an mit den richtigen Leuten zusammenarbeiten, können Sie sich viel schneller auf das Erreichen von Ergebnissen konzentrieren und müssen nicht nach mühevoller Ausbildungs- und Formarbeit die Leute mitschleppen, die eigentlich für den Job nicht wirklich geeignet sind.

Wenn Sie sich in Ihrem Gebiet mit der Rekrutierung neuer Partner länger beschäftigen, dann entwickeln Sie schnell ein Gespür für Talente und erkennen geeignete Leute innerhalb kürzester Zeit.

Mit meiner Erfahrung von mehreren Tausend Einstellungsgesprächen bin ich mittlerweile in der Lage, innerhalb

von zwei Minuten zu erkennen, ob ich einen für mich geeigneten Mitarbeiter vor mir sitzen habe oder nicht. Dieses Gespür kann ein Personaler gar nicht haben oder erwerben, weil er seine Fähigkeiten auf so viele Bereiche verteilen muss, dass er meine Durchdringung gar nicht erreichen kann.
Bevor wir dazu kommen, wie genau Sie das für sich umsetzen und welche Zugangswege es zu neuen Mitarbeitern gibt, die Ihnen neue Talente bringen, möchte ich Ihnen ans Herz legen, dass es nicht darum geht, nur Profis zu rekrutieren und Superstars anzuheuern.

Im Leadership geht es darum, Ergebnisse zu bewirken, und meistens reichen dafür ganz normale Leute, die aber richtig zusammenarbeiten und als Team wirklich eine Einheit ergeben. Erst dann haben Sie die Möglichkeit, diese Einheit als Leader von vorne zu, führen und können Ergebnisse bewirken, von denen andere nur träumen.

So erstellen Sie das Profil des idealen Mitarbeiters

Um das Konzept der Selbstauswahl umsetzen zu können, muss ich mir als Führungskraft zuerst über die Zugangswege klar werden, über die ich neue, geeignete Mitarbeiter gewinnen kann. Denn neben den klassischen Wegen wie Anzeigen etc. gibt es zahlreiche andere Möglichkeiten, die mir einen regelrechten Strom von geeigneten Talenten bringen, die von den wenigsten Firmen genutzt werden. Aber beginnen wir mit Schritt eins, dem Anforderungsprofil:

Das Anforderungsprofil

Um den richtigen Mitarbeiter für die zu besetzende Position zu finden, muss ich zunächst einmal festlegen, wen ich überhaupt suche und welche Fähigkeiten ich mir wünsche. Deshalb erstelle ich mir zu jeder zu besetzenden Position oder Stelle am Anfang ein schriftliches Anforderungsprofil, mit dem ich mir selbst bewusst mache, wen ich wirklich suche.

Dabei sind mir vier Punkte ganz besonders wichtig, auf die ich im Folgenden im Detail eingehen werde:

1. Die Aufgabenbeschreibung

Hier lege ich fest, was der neue Mitarbeiter überhaupt können und welche Aufgaben er erfüllen soll. Für einen Kundenberater lege ich beispielsweise fest, dass er Kunden für mich gewinnen muss.

Diese fast banale Beschreibung hilft mir im Laufe der Gespräche und während des Auswahlverfahrens mich auf das

Wesentliche zu konzentrieren und stellt sicher, dass ich mit Kundenberater jemanden meine, der Kunden gewinnt und der seine Tätigkeit nicht darin sieht, mit vielen Leuten zu sprechen, ohne den Fokus darauf zu haben, einen Kauf abzuschließen.

Diesen Punkt formuliere ich so:
- Die Aufgabe der zukünftigen Führungskraft ist ...
- Die Aufgabe des neuen Verkäufers ist ...

2. Das Fähigkeitsprofil

Hier lege ich fest, welche detaillierten Anforderungen ich an den Bewerber habe:
- Was ***muss*** er können (hier kommen oft auch stellenunabhängige Dinge zum Tragen wie z. B. Werte)?
- Was ***sollte*** er haben (welche Eigenschaften oder Fähigkeiten wären wünschenswert)?
- Stellenabhängige Anforderungen (wie das Auftreten und das Erscheinungsbild)?
- Welches Zeitpotenzial steht zur Verfügung (bei Halbtagsstellen und antizyklischen Arbeitszeiten etc.)?

Bei einem Verkäufer, der beispielsweise bei den Leuten zu Hause verkauft, muss ich den letzten Punkt ansprechen, da dieser Personenkreis meist erst ab ca. 18 Uhr Termine wahrnehmen kann, wenn er Feierabend hat.

3. Welche Ergebnisse erwarte ich vom Bewerber?

Dabei werde ich so konkret wie nur möglich, um dem Bewerber ein Gefühl dafür zu geben, woran er sich bei mir orientieren kann. Ich weiß später auch genau, was ich erwarten darf, wenn ich mich für ihn entschieden habe. Ich sage der Person schon vorher, woran ich sie in Zukunft messen werde. Dann kann sie selbst genau sehen, wo sie gerade steht und sich darauf einstellen.

Wenn ich beispielsweise einen Verkäufer suche, dann kann ich ihm vorgeben, dass er einen Kundenstamm von 50 Neukunden innerhalb von zwölf Monaten aufbauen oder 15 Termine in den ersten vier Wochen vereinbaren soll.

4. Meine Berufs- und Stellenargumente

Dieser Punkt ist extrem wichtig, wird aber von kaum einem Rekrutierer angewendet, obwohl er oft darüber entscheidet, ob ich ein Talent für mich gewinnen kann.

Gute Leute wollen auch bewusst um- und beworben werden. Deshalb brauche auch ich als Rekrutierer fünf bis sechs starke Argumente, die meinem Gegenüber bei Bedarf zeigen, was für ihn drin ist, wenn er sich entscheidet, meinem Team beizutreten. Denn wer wirklich gut ist, der weiß das normalerweise auch und der braucht manchmal ein paar gute Argumente, um Ja zu sagen. Darüber muss ich mir vorher im Klaren sein, damit ich diese Argumente vorbringen kann, wenn der andere auch noch zwei oder drei andere Optionen hat, für die er sich entscheiden kann.

In einem solchen Gespräch bewerben sich nämlich entgegen der allgemein herrschenden Meinung immer zwei: Der Interessent bei Ihnen und Sie sich bei ihm.

Ein Beispiel für ein solches Stellenargument kann beispielsweise sein: *Bei uns erhalten Sie ständig hochwertige Aus- und Weiterbildung in einem Zukunftsberuf mit stetig wachsenden Kundenzahlen und stark steigendem Bedarf.* oder: *Wir bieten klar fixierte Aufstiegschancen nach vorher definierten Leistungskriterien und die Möglichkeit einer langfristigen Beteiligung am Unternehmenserfolg.*

Verwenden Sie bitte hier keine „Fluffy“-Argumente wie „Wir sind die Besten“ etc. Mit so etwas bekommt man heute niemanden mehr! Sie brauchen echte Argumente, die „Fleisch auf den Knochen“ haben und die wirklich überzeugend sind.

Dieses Profil habe ich die ganze Zeit vor mir und nutze es als Basis für jedes einzelne Gespräch. Es ist mein „Skript“, das mir ständig vor Augen hält, worauf ich achten muss, und das dafür sorgt, dass auch im zehnten Gespräch keine Fakten untergehen.

So rekrutieren Sie geeignete Mitarbeiter

Nachdem wir uns wie oben beschrieben perfekt vorbereitet haben und schriftlich fixiert haben, wen wir suchen, stellt sich die Frage, wo wir nun die neuen, perfekt geeigneten Mitarbeiter für unser Unternehmen finden.
Dafür gibt es viele Wege, wobei ich hier näher auf die von mir favorisierten Methoden eingehen möchte.

Die klassische Vorgehensweise von Personalberatern und externen Personalfirmen sieht meistens so aus: Man schaltet ein Inserat und sondiert den Markt, um geeignete Kandidaten aus den Jobsuchenden herauszufiltern. Um mir selbst nicht 20 oder mehr Bewerber ansehen zu müssen, lasse ich die Bewerber vorsortieren und nehme nur die Termine mit den „heißen" Kandidaten wahr, die der Personalmanager vorschlägt. Aus dieser Vorauswahl entscheide ich mich dann für einen. Natürlich hat das etwas für sich, aber neben diesem Weg gibt es noch weitere Möglichkeiten, mit denen ich oft bessere und fähigere Mitarbeiter finde.

Machen Sie sich eines bewusst: Auf diesem Weg gewinnen Sie zwar neue Mitarbeiter, verfehlen aber Ihre Chance, wirklich gute Leute zu finden, da ca. 90 Prozent der „guten" nicht auf der Suche, sondern fest gebunden sind.
Ich habe für mich die Statistik erstellt, dass 70 Prozent aller guten Verkäufer zwar wechselwillig sind, aber nicht aktiv suchen. Das bedeutet, dass ich dieses Potenzial über Anzeigen etc. gar nicht erreichen kann und ich mir dadurch vielleicht die Möglichkeit entgehen lasse, richtig gute Leute in die Firma zu holen.

Die Schlüsselfrage ist deshalb: Wie komme ich genau an diese Leute, in denen so viel Potenzial steckt? Es gibt vier Möglichkeiten, um neue Mitarbeiter zu gewinnen.

1. Greifen Sie auf Ihr eigenes Potenzial zurück

Klingt einfach, oder? Aber dieser Weg wird kaum gegangen, obwohl er hocheffektiv und bewährt ist. Denn mit Sicherheit haben Sie auch die eine oder andere Person in Ihrem persönlichen Umfeld, in der Familie, aus vergangenen Geschäftsbeziehungen oder in Ihrem Netzwerk, der für eine gerade zu besetzende Stelle ein perfekter Kandidat wäre.

Meist scheitert diese Vorgehensweise an den Vorannahmen, die die Leute in ihren Köpfen haben. Ich höre oft Sätze wie *Aber den kann ich doch nicht ansprechen* oder *Die ist sicherlich nicht interessiert,* wenn ich mit einem neuen Kunden über seiner Personalplanung sitze.

Legen Sie diese Denkweise ab und lösen Sie sich von Vorannahmen! Herausfinden können Sie es nur, wenn Sie nachfragen. Und das kostet ja bekanntlich nichts.

Sprechen Sie die Leute einfach an und achten Sie auf ihre Reaktionen. Sie werden überrascht sein, wie viele Leute offen für Veränderung sind, wenn sich eine passende Gelegenheit bietet.

Ich habe am Anfang meiner Karriere oft zu lang gewartet und war mir sicher, dass die TOP-Leute absolut zufrieden sind, bis ich einmal ein Erlebnis hatte, das mir das Gegenteil bewies. Ich war auf der Suche nach einem Vertriebsleiter für meine Firma und auf der Suche nach einem fähigen Mann oder einer fähigen Frau, die sich um die Geschicke einer großen Abteilung kümmern sollte.

Dabei durchforstete ich meine ehemaligen Geschäftskontakte und fand einen Kandidaten mit perfekten Voraussetzungen, der alles mitbrachte, was ich mir wünschte.

Das einzige Problem daran war, dass ich mir sicher war, dass er mit seinem aktuellen Job überglücklich war. Ich hätte sogar schwören können, dass er mit seiner Firma „verheiratet“ war. Dies schloss ich aus seinen Kommentaren, die er bei jedem Meeting von seinem Unternehmen machte.

Er schien so begeistert und enthusiastisch bei der Sache zu sein, dass ich mich gar nicht traute, ihn anzusprechen und ihm die Position in meiner Firma anzubieten. Doch einige Monate später erhielt ich einen Anruf von ihm, der mir sehr gut im Kopf geblieben ist und der sich ungefähr so anhörte:

Hallo, Harald! Du, ich wollte dir nur sagen, dass ich jetzt zu XXYYY gewechselt bin und dort die Vertriebsleitung übernommen habe. Ich war schon lange unzufrieden bei meiner alten Firma, und als das Angebot kam, da habe ich zugeschlagen …

Was für ein Reinfall! Ich hatte wegen meiner falschen Vorannahmen so lange gezögert, dass mir mein perfekter Kandidat durch die Lappen ging, den ich wahrscheinlich einfach nur hätte ansprechen müssen, und das ärgerte mich für lange Zeit. Seit diesem Zeitpunkt frage ich interessante Leute lieber immer einmal zu viel als einmal zu wenig, um niemals wieder in eine solche Situation zu kommen. Allein dadurch, dass ich Fragen stelle und mein Umfeld nach neuen Potenzialen abklopfe, entsteht für mich auch gleichzeitig die Gruppe zwei.

2. Bauen Sie stetig Ihr Netzwerk aus

Ich kann Ihnen nur empfehlen, sich online (wie beispielsweise auf XING) und im echten Leben ein möglichst weit verzweigtes Netzwerk aufzubauen, auf das Sie jederzeit zugreifen können, wenn Sie auf der Suche nach neuen Mitarbeitern sind.

Ich persönlich freue mich beispielsweise immer, wenn ich einen guten Verkäufer treffe, den ich dann langfristig in meine Datenbank aufnehmen kann. Dabei ist es für mich nicht so wichtig, ob diese Person gerade eine geschäftliche Veränderung sucht, aber ich weiß, dass sich Lebensumstände ändern können und damit auch die Bereitschaft für einen Wechsel.

Dann komme ich den Leuten schnell wieder in den Sinn, weil ich mir in diesem Netzwerk von im Moment circa 3500 Personen einen Ruf als derjenige aufgebaut habe, der von Zeit zu Zeit äußerst begehrte Stellen zu vergeben hat. Deshalb bin ich auch oft der Erste, auf den die Leute zukommen, wenn in deren Umfeld etwas gesucht oder angeboten wird, was mit Jobs und Stellen zu tun hat. Dieses Netzwerk spart mir viel Zeit und Geld, das ich sonst für einen teuren Personalberater ausgeben müsste.

Der Netzwerkaufbau funktioniert nicht nur passiv, sondern auch dadurch, dass ich aktiv auf Menschen zugehe, die auf mich einen fähigen und qualifizierten Eindruck machen. Wenn mir beispielsweise ein Verkäufer in einem Geschäft besonders gut gefällt, dann spreche ich ihn direkt mit meiner Elevator Pitch an und frage ihn, ob er grundsätzlich an einer Verbesserung interessiert ist.

Diese Elevator Pitch ist letztendlich eine kurze und knackige Zusammenfassung auf zwei bis drei Sätze, wobei ich zeige, wer ich bin und was ich tue. Das alles soll so knapp und interessant sein, dass mir mein Gegenüber seine Kontaktdaten aushändigt, damit ich am nächsten Tag oder in Zukunft auf folgende Weise anrufen kann:

Hallo Herr / Frau XY.
Können Sie sich noch an mich erinnern? Es gibt einen besonderen Grund, warum ich Sie anrufe. Ich bin verantwortlich für den Personalbereich und damit betraut, die Zukunft unseres Unternehmens von Personalseite voranzutreiben!

Der Grund für meinen Anruf ist, dass Sie mich wirklich mit Ihren Fähigkeiten beeindruckt haben und ich gerade dabei bin, eine besonders interessante Position zu besetzen, die ich demnächst in die öffentliche Ausschreibung geben möchte. Ich habe gerade ein Anforderungsprofil erstellt und da sind Sie mir spontan eingefallen! Sind Sie grundsätzlich daran interessiert, sich zu verbessern? Etc.

Sie sehen, worauf das hinausläuft: Ich spreche die Person direkt an und behalte dabei trotzdem meine starke Position, indem ich ein indirektes Gesprächsangebot mache, ohne den anderen zu sehr zu drängen.

Bauen Sie sich ein stetig wachsendes Netzwerk auf und Sie werden nie wieder Probleme damit haben, neue, geeignete Mitarbeiter für sich zu gewinnen. Das kann ich Ihnen garantieren.

3. Empfehlungen von Kunden

Ob Sie es glauben oder nicht: Auch Kunden bieten ein super Potenzial für die Rekrutierung neuer Mitarbeiter. Man muss diese Vorgehensweise nur üben und den richtigen Zeitpunkt dafür abpassen.

Diese Methode ist vor allem für Vertriebe und Strukturvertriebe geeignet und funktioniert in diesem Bereich wirklich klasse. Die meisten Leute wollen immer alles auf einmal machen und neben einem Verkauf auch gleich Empfehlungen holen und diese dann nach Möglichkeit sofort verwerten.

Genau so sollten Sie nicht vorgehen, wenn Sie Empfehlungen von Ihren Kunden bekommen wollen. Ich rate Ihnen, damit zu warten, bis der Kunde Sie und Ihre Firma länger kennt und zufrieden mit Ihren Leistungen ist.

Viele, die Empfehlungen als Mitarbeiterquelle nutzen, sprechen Kunden sehr persönlich an, das ist für mich aber eher die Ausnahme. Ich will schließlich echte und hochwertige Empfehlungen haben. Ich präsentiere das Ganze beim Kunden dann als Highlight und sage zu ihm:

Lieber Kunde, wir haben da ein neues, wirklich tolles Kundenbindungsprogramm.

Wir expandieren und kommen mit den Tätigkeiten gar nicht mehr hinterher und wollen die Leute mit einbeziehen, die uns am besten kennen: unsere Kunden!

Wir geben Tausende von Euro aus für Personalberater und würden das Geld viel lieber bei den Leuten ausgeben, die uns am besten kennen.

Und deshalb schütten wir 500 Euro an jeden Kunden aus, der uns eine erfolgreiche Empfehlung für einen neuen Mitarbeiter ausspricht.

Oft verstecken sich bei unseren Kunden und in deren Empfehlungen tolle Potenziale für neue Mitarbeiter, die unbedingt freigelegt werden wollen und die Ihnen vor allem im Vertrieb gute, produktaffine neue Partner bringen können.

4. Empfehlungen von Mitarbeitern

Im Moment sehe ich bei vielen fortschrittlichen Unternehmen einen starken Trend zu dieser Methode.

Das Konzept ist so einfach wie genial: Anstatt außerhalb über Anzeigen und andere Kanäle nach neuen Mitarbeitern zu suchen, fragen Sie innerhalb Ihrer Firma Ihre bestehenden Mitarbeiter nach Empfehlungen für geeignete Kandidaten in Ihrem Bekanntenkreis oder Netzwerk.

Dabei ist es wichtig, auch hier ein Belohnungssystem zu schaffen und Anreize dafür zu geben, dass Empfehlungen ausgesprochen werden. Ohne Gegenleistung werden Sie die Mitarbeiter schwer dazu bewegen können, auch wirklich hochwertige Empfehlungen auszusprechen.

Je mehr Sie diese Methode in Ihren Ablauf integriert haben und je besser Ihre Mitarbeiter verstehen, warum und wie Sie vorgehen, desto besser funktioniert das auch.

Ich kenne mittlerweile mehrere Unternehmen, die ihre komplette Personalgewinnung nur noch über die Empfehlungen ihrer Mitarbeiter stattfinden lassen und die damit besser fahren als je zuvor.

Das zeigt auch, dass Sie gar nicht alle vier der von mir vorgestellten Methoden nutzen müssen, sondern dass eine davon für die meisten Firmen völlig ausreicht.

> Suchen Sie sich am besten eine Herangehensweise aus und konzentrieren Sie sich dann auf diese, bis Sie darüber konstant gute neue Leute gewinnen können. Gehen Sie dann – falls noch weiterer Bedarf herrscht – zur nächsten Methode über.

Der Einstellungsprozess: Kontaktaufnahme / erster Anruf

Wenn Sie sich für einen der Zugangswege entschieden und neues Potenzial für Mitarbeiter gewonnen haben, geht der eigentliche Einstellungsprozess los.

Dabei sehe ich in vielen Unternehmen immer wieder, dass entscheidende Fehler gemacht werden und dass schon dieser Prozess so unkoordiniert stattfindet, dass am Schluss eigentlich gar nichts dabei herauskommen kann.

Denken Sie bitte vor allem an eines: ***Nicht nur der neue Mitarbeiter bewirbt sich bei uns, sondern wir bewerben uns auch bei ihm!***

Das ist eine Einstellung, die mir über die Jahre sehr weitergeholfen hat und die ich äußerst wichtig finde, wenn Sie wirklich gute Leute für sich gewinnen wollen.

Dabei können und sollten Sie auf jeden Fall Ihre Rolle in der starken Position behalten, es geht hier aber um einen guten ersten Eindruck und darum, das Gefühl zu vermitteln, bei einer guten Firma angekommen zu sein.

Lassen Sie uns gleich ins Thema einsteigen. Ich will Ihnen zunächst zeigen, wie die Kontaktaufnahme beginnen kann: Meist findet der erste Kontakt zu einem neuen potenziellen Mitarbeiter per Telefon statt. Deshalb ist schon hier die Vorgehensweise extrem wichtig. Insbesondere dann, wenn Leader auf Empfehlung anrufen und an einem ersten Gespräch interessiert sind, begehen viele den Fehler, dass sie die Leute locken wollen und Sätze wie: „Wir sind die Besten“ benutzen.

Persönlich halte ich davon nichts, da erstens sowieso alle erst einmal die Besten sind und das der klassische, plumpe Überzeugungsansatz ist, den jeder schon tausendmal gehört hat. Ich drehe daher die ganze Sache gerne zunächst einmal um und sage: *Ich weiß natürlich noch nicht, ob Sie infrage kommen. Darf ich Ihnen ein paar Fragen stellen?*

Dann stelle ich der Person ein paar Qualifizierungsfragen, um herauszufinden, ob sie grundsätzlich für meine Aufgaben geeignet ist. Natürlich lasse ich dabei auch den Bewerber sagen, wonach er sucht und wie er sich eine Tätigkeit vorstellt. Das bedeutet, ich gehe gleich am Telefon in eine Art Interview über und lasse mein Gegenüber sofort in der Bewerberrolle, ohne ihn zu locken oder zu überzeugen.

Um gut in ein solches Gespräch hineinzukommen, haben sich folgende Punkte in diesem Gespräch bewährt. Sie sollten jeden einzelnen beachten:

1. meine eigene Vorstellung (Wer bin ich?),
2. der Grund meines Anrufs (Warum rufe ich an?),
3. woher kommt der Kontakt (Wer ist Empfehlungsgeber?),
4. der besondere Grund (Gilt v.a. bei Empfehlungen).

Das sieht dann in der Praxis so aus:

Hallo, Herr Maier, hier spricht Harald Psaridis! Ich bin Personalverantwortlicher bei der Leadership Company und ich rufe auf Empfehlung von Eva Grabenstätter an.

Mein Anruf hat einen besonderen Grund, denn wir sind gerade dabei, uns geschäftlich zu erweitern, und suchen noch nach fähigen Mitarbeitern, die uns in Zukunft auf unserem Wachstumskurs unterstützen …

So oder so ähnlich läuft bei mir fast jeder Einstieg in dieses Gespräch ab, und obwohl es banal klingt, ist jedes kleine Detail dabei wichtig, um den möglichen zukünftigen Mitarbeiter gleich in die richtige Position zu bringen, sodass ich herausfinden kann, ob ich einen nächsten Schritt mit dieser Person gehen möchte.

Erst wenn ich mir sicher bin, dass mein Gesprächspartner für die von mir zu besetzende Stelle geeignet ist und ich genug Informationen gesammelt habe, lade ich die Leute dann ein. Dieses „Vorsortieren" am Telefon ist sehr wichtig, denn so spare ich mir viel Zeit und Energie, da ich nur mit Menschen spreche, die mit einer hohen Wahrscheinlichkeit für mich geeignet sind.

Dabei gehe ich immer nach folgender Regel vor:
Ich bin bereit, 20 Gespräche pro Woche zu machen, aber ich bin nicht bereit, 20 unnötige Gespräche zu führen.

Hat sich jemand am Telefon vorqualifiziert und scheint geeignet, dann lade ich ihn zu einem persönlichen Gespräch bei mir im Büro ein und führe ein erstes Interview.

Dabei gibt es ein paar interessante Tricks und Kniffe, die ich Ihnen auf den nächsten Seiten vorstellen möchte und die Ihnen dabei helfen werden, die richtigen Mitarbeiter für sich auszuwählen.

Der Einstellungsprozess: Aufbau des ersten Interviews

Auch das erste Interview kann ich im Frontline Leadership in drei wichtige Einzelbereiche einteilen:
1. Interviewteil,
2. Vorstellung des Unternehmens / Jobs,
3. Fragen- und Entscheidungsteil.

Dabei ist es sehr wichtig, welchen ersten Eindruck ich mache und wie ich mich dem Bewerber präsentiere. Das klingt zwar im ersten Moment etwas ungewohnt, aber genau darum geht es.

Wenn ich jemanden zu einem persönlichen Gespräch einlade, dann muss die ganze Sache auch für den Bewerber einladend sein. Ich bin die Visitenkarte für den neuen Job und meine Firma. Dabei spielen mein Büro, mein Auftreten, mein Outfit und viele weitere Faktoren eine Rolle.

Das wird häufig vergessen oder vernachlässigt, ist aber für die Praxis sehr wichtig.

Oft trifft der Bewerber auf dem Weg zum Einstellungsgespräch, im Lift oder im Wartezimmer, die Entscheidung, ob er bei mir anfangen will. Es geht darum, ob er richtig Lust darauf hat, mit mir zusammen durchzustarten, oder ob er, wenn er gerade den Job braucht, seine Zeit einfach so lang wie nötig absitzt. Um gleich den perfekten ersten Eindruck zu machen, sollten Sie Folgendes beachten: Vermeiden Sie unbedingt, dass der Bewerber das Gefühl hat, er würde „stören“, und involvieren Sie alle beteiligten Mitarbeiter (wie z. B. die Sekretärin) in den Prozess. Jeder muss wissen, was wie passiert.

Stellen Sie sich vor, Sie kommen als Bewerber in ein Büro, werden von der Sekretärin empfangen und mit den Worten *Der Chef kommt in ca. 20 Minuten, der ist noch beim Mittagessen* in die Wartezone gesetzt.

Dort gibt es nichts zu lesen, Sie langweilen sich und die einzige Ablenkung, die Sie bekommen, sind private Gespräche der Sekretärin neben Ihnen am Telefon, wo sie über die neuesten Gerüchte im Büro plaudert und über ihre Kollegen meckert. Dann kommt mit halbstündiger Verspätung ein unvorbereiteter und gehetzter Chef, der Ihnen mit einer Bierfahne erklärt, dass Sie nun das Gespräch beginnen können. Er führt Sie in ein unaufgeräumtes und schmuddeliges Zimmer an einen Schreibtisch voller Akten und beginnt das Gespräch mit dem Satz: *So, dann erzählen Sie mal …*

Ich weiß, dass diese Darstellung etwas überzogen ist, aber ich will Ihnen demonstrieren, wie wichtig der Gesamteindruck für den Bewerber ist und wie entscheidend es ist, sich schon in den ersten Sekunden richtig zu positionieren. Denn wenn Sie als Interviewer in den Raum kommen, dann ist das bereits der zweite „erste Eindruck", den ersten hat der Bewerber schon vorher bekommen.

Man weiß nie vorher, wer der zukünftige „High Potential" ist. Insbesondere dann, wenn die Person über eine Empfehlung zu Ihnen kommt, sollten Sie sich positiv präsentieren. Wichtig ist dabei schon der erste Satz und wie Sie das Gespräch eröffnen. Dabei gibt es einen klassischen Satz, der für mich ein absolutes No-Go ist: *Haben Sie gut hergefunden?*

Mit dieser plumpen, sinnlosen Frage sollte man nicht in das Gespräch einsteigen, denn die Antwort darauf bringt nichts und ist völlig bedeutungslos.

Wenn Sie stattdessen einen guten ersten Eindruck machen wollen, dann sagen Sie doch etwas wie:

Grüß Gott, Herr XY, schön, dass Sie heute Zeit gefunden haben. Ich habe mich schon sehr auf unser Gespräch gefreut.

So machen Sie gleich einen perfekten ersten Eindruck! Auch wenn diese Dinge nicht direkt zum ersten Gespräch gehören, wollte ich kurz darauf eingehen und ein paar Tipps an Sie weitergeben, da hier oft schon die Entscheidung fällt, ob die Person interessiert ist oder ob sie im Kopf schon abgeschlossen hat.

Kommen wir aber nun zum ersten Teil, dem Interviewteil:

1. Interviewteil

Um das Gespräch gleich sinnvoll einzuleiten, sollten Sie zunächst einmal kurz zusammenfassen, welches Ziel das Gespräch hat und wie lange es ungefähr dauern wird, sodass sich der Bewerber darauf einstellen kann. Denn in der Praxis kenne ich alles im Bereich von fünf bis 50 Minuten für dieses Erstgespräch.

Dann sage ich immer gerne etwas zu mir und erzähle meinem Gegenüber kurz, was ich mache und wer ich bin. Viele Recruiter zeigen nur ihre Visitenkarte her, dabei bekommt aber niemand ein Gespür dafür, wer vor ihm sitzt.

Ich will dabei ein positives Gefühl bei meinem Gesprächspartner auslösen und ihm zeigen, dass ich ein ganz normaler Typ bin und gut motiviert an die Sache herangehe, wobei ich mein Verhalten immer an das Profil anpasse, das ich suche.

So lockert man die angespannte Stresssituation ein wenig auf, ohne die Bewerbersituation zu zerstören. Es fällt mir dann leichter, den Spieß umzudrehen, und ich kann meinerseits viel einfacher ein paar Fragen an mein Gegenüber richten. Das schaffe ich ganz leicht, indem ich einen Überleitungssatz an meine kurze Vorstellung anhänge, um dann in meine Befragung überzugehen:

... und deshalb freut es mich, dass ich Ihnen heute unsere Firma vorstellen kann. Zunächst würde ich gerne etwas von Ihnen erfahren und Ihnen dann ein paar Fragen stellen ...

Daraufhin stelle ich ihm vier bis sechs Fragen, wobei eine davon eine absolute Schlüsselfrage darstellt, die ganz entscheidend für das Gespräch ist. Bei diesen Fragen will ich nach Möglichkeit nicht nur an der Oberfläche kratzen, sondern wirklich in die Tiefe gehen, um auch die Dinge herauszufinden, die mich zu einer sinnvollen Entscheidung führen.

Kommen wir nun zu den „Standardfragen", mit denen ich innerhalb kürzester Zeit möglichst viel herausfinde:

1. Was machen Sie derzeit beruflich?

Im Lebenslauf eines jeden Bewerbers stehen immer tolle, aber völlig unbrauchbare Angaben über den Beruf. Auch wenn es anspruchsvoll klingt, ist „Facility Manager" oft nicht mehr als ein Hausmeister.

Um die echten Qualifikationen und aktuellen Tätigkeiten herauszufinden, muss ich Fragen stellen wie *Was ist denn die genaue Tätigkeit?* und *Wie sieht das genau aus?*

Es liegt in der Natur des Einstellungsgespräches, dass sich die Leute immer etwas besser darstellen, als sie eigentlich sind. Deshalb frage ich immer noch nach, welche Ergebnisse mein Gegenüber bewirkt hat und ob diese nachweisbar sind.

Denken Sie daran: Den oder die Falsche einzustellen, kostet viel Zeit und Geld! Ich frage immer die Ergebnisse ab, denn die sind für mich entscheidend.

2. Was macht Ihnen Spaß? Und welche Bereiche Ihres Jobs würden Sie lieber abgeben, wenn es möglich wäre?

Hier will ich erfahren, was dem Bewerber an dem Job Spaß macht, in welchen Tätigkeiten er aufgeht und was er lieber weglassen oder delegieren würde.

Ich erfahre hier seine Präferenzen und Vorlieben genauso wie seine ungeliebten Tätigkeiten, was mir sofort die Möglichkeit gibt, zu sehen, ob er sich in mein bestehendes Team integrieren lässt.

3. Situative Fragen

Mit diesen Fragen will ich eventuelle persönliche oder zeitliche Einschränkungen des Bewerbers herausfinden und abklopfen, ob mich in Zukunft unangenehme Überraschungen erwarten könnten.

Dafür frage ich manchmal nach dem Familienstand wie beispielsweise bei einer alleinerziehenden Mutter: *Wie haben Sie das denn geregelt mit Ihrer Tochter, wenn Sie berufstätig sind?* – Ich will Schwierigkeiten sehen und mich auf eventuelle Unwägbarkeiten vorbereiten können, deshalb frage ich lieber gleich, anstatt diese Themen auf die lange Bank zu schieben.

Ab und zu – insbesondere wenn es um ungewöhnliche Arbeitszeiten geht – stellt sich auch die Frage nach dem Freizeitverhalten. Wenn beispielsweise oft am Wochenende oder abends gearbeitet werden muss und mein Gesprächspartner begeisterter Fußballspieler ist, dann muss ich ihn fragen, ob er nur als Hobby oder im Verein spielt, wo er spielt, wie oft die Woche und an welchen Tagen das ist.

Wenn ich darauf die Antwort bekomme „Ich habe viermal pro Woche von 16 bis 19 Uhr Training und Samstag bin ich immer auf einem Match", dann stehen meine Chancen schlecht, wenn ich einen Vertriebsmitarbeiter einstellen möchte, der im B2C Bereich tätig ist. In diesem Fall muss sich der Bewerber entscheiden: Job oder Fußball!

4. Die Schlüsselfrage

Diese Frage ist die Schlüsselfrage, um die es mir in diesem Teil des Gesprächs besonders geht.

Dafür gibt es zwar kein Patentrezept, aber ein klares Ziel, wohin mich die Frage führen soll: Ich will eine „Lücke" finden, also einen Bedarf bei meinem Gesprächspartner aufdecken, den nur ich mit meinem Angebot befriedigen kann.

Dafür steige ich mit folgendem Satz ein: *Unter welchen Voraussetzungen würden Sie sich beruflich verändern? Und welche Ziele verfolgen Sie?*

Die Antworten darauf sind meist eine der folgenden vier:

- *Ich würde gerne in meiner Karriere weiterkommen.*
- *Ich will mehr Geld verdienen.*
- *Ich will mehr qualitative Zeit und sinnvoller arbeiten* (vor allem in der Generation Y).
- Andere private Ziele (Hausbau etc.).

Und dann mache ich einfach weiter, indem ich noch einmal tiefer hineinhöre: *Was bedeutet denn für Sie XY* (Hier fügen Sie seine Antwort ein)?

Dann kommt die Antwort: Abteilungsleiter, Filialleiter, 4500 Euro netto etc.

Meine nächste Frage ist fast etwas gemein, sie bringt aber fast jeden Gesprächspartner von einer Sekunde auf die andere aus dem Gleichgewicht: *Wann wird es denn bei Ihnen so weit sein?*

Die meisten sagen dann: *Das dauert noch drei Jahre, ewig, nie* etc. Diese Antwort ist mir eigentlich egal, denn ich habe geschafft, was ich möchte, und ihn aus dem Gleichgewicht gebracht, um ihm den Bedarf nach meinem Angebot vor Augen zu halten, ohne ihm etwas aufzudrücken. Und um den Sack zuzumachen und meine Taktik zu vervollständigen, sage ich: *Aha … was werden Sie also machen?*

Zusammengefasst sieht dann ein solches Gespräch folgendermaßen aus:

- ***Ich:*** *Unter welchen Voraussetzungen würden Sie sich beruflich verändern? Und welche Ziele verfolgen Sie?*
- ***Bewerber:*** *Ich würde gerne Abteilungsleiter werden und mehr Personalverantwortung haben.*
- ***Ich:*** *Was bedeutet denn für Sie die Position eines Abteilungsleiters?*
- ***Bewerber:*** *Das wären ca. 1500 Euro mehr Gehalt …*
- ***Ich:*** *Und wann wird es denn bei Ihnen so weit sein?*
- ***Bewerber:*** *Ach Gott, wahrscheinlich dauert das noch zehn Jahre, oder nie …*
- ***Ich:*** *Aha … Was werden Sie also machen?*

Diese Art der Fragetechnik funktioniert perfekt und ich nutze sie seit fast 20 Jahren vor dem Hintergrund, dass die Leute damit ihre eigenen Bedürfnisse aufdecken. Denn wenn ich als Interviewer etwas sage oder dem Bewerber etwas vorgebe, dann wird mir das immer negativ ausgelegt. Ich muss stattdessen bei ihm etwas vom Unterbewusstsein ins Bewusstsein bringen, bis es „klick“ macht.

Diesen Prozess verfolge ich in jedem Gespräch so lange, bis ich das geschafft habe. Ich will, dass mein Gegenüber erkennt, dass er niemals an sein Ziel kommt oder dass es noch viel zu lang dauert. Ich suche nach einer Lücke zwischen dem, was er hat, und dem, was er möchte, denn zufriedene Leute bekomme ich nicht.

Habe ich diese Lücke einmal gefunden und mein Gegenüber ist sich darüber bewusst geworden, dass ihm etwas fehlt, kann ich weitermachen:

- ***Ich:*** *Mal angenommen, das wäre in absehbarer Zeit (kürzerer Zeit) zu schaffen, wäre das für Sie interessant?*
- ***Bewerber:*** *Ja.*
- ***Ich:*** *Dann freue ich mich, Ihnen jetzt mein Unternehmen und die Aufgabe vorstellen zu dürfen …*

2. Vorstellung des Unternehmens

Ich bin überzeugt, dass es in jedem Einstellungsgespräch einen Punkt geben muss, an dem ich sowohl mein Unternehmen als auch den Job vorstelle, Tätigkeitsbereiche und Aufgaben durchgehe und zeige, auf welchem Markt wir uns bewegen.

Dabei möchte ich dem Bewerber ein klares Berufsbild vermitteln und ihm zeigen, wer wir sind, damit er sich darüber bewusst werden kann, ob er sich wirklich und ehrlich für den Job interessiert. Ich persönlich finde es am besten, wenn diese Unternehmens- und Jobvorstellung einfach, motivativ und ehrlich stattfindet und folgende Frage beantwortet: *Was muss ich da machen und was habe ich davon?*

Benutzen Sie gerne auch Bilder und Präsentationen, sodass der Bewerber einen guten Überblick über alles bekommt, verlieren Sie sich jedoch nicht in Details. Diese gibt es erst im Folgegespräch. Wenn die Person sehr viel fragt, dann vertrösten Sie sie auf das nächste Gespräch.

Das Ziel dieses ersten Termins ist nämlich nicht, dass wir eine endgültige Entscheidung treffen, sondern Folgendes: Die Person muss entscheiden, ob sie wiederkommen will, und ich muss wissen, ob ich sie wieder sehen will.

Und genau das tun wir im nächsten Teil.

3. Frage- und Entscheidungsteil

In dieser Phase des Gesprächs fasse ich alle Eckpunkte für den Bewerber noch einmal zusammen: Das ist der Job, das die Aufgabe und das die Perspektive.

Dabei berücksichtige ich vor allem, was der Bewerber davon hat und welche Vorteile ihn bei mir erwarten.

Wenn mir ein Bewerber gefällt, dann schließe ich diesen Teil des Gesprächs fast immer mit einem der folgenden Sätze ab:

- *Wie gefällt Ihnen die Perspektive?*
- *Trauen Sie sich das zu?*
- *Wir haben viele Bewerber ... Sagen Sie mir aus Ihrer Sicht, warum soll ich mich für Sie entscheiden?*

Das dient nicht dazu, die Leute zu quälen, und deshalb lasse ich auch keine oberflächlichen Antworten zu wie: *Weil ich der Richtige bin!*

Ich will nicht oberflächlich bleiben und gehe deshalb ganz bewusst einen Schritt voran, um noch einmal eine Antwort zu bekommen, die meinen ersten Eindruck bestätigen soll.

Wenn ich hier eine adäquate Reaktion meines Gegenübers bekomme, dann mache ich so weiter:

- *Sie haben einen guten Eindruck hinterlassen, ich würde Sie gerne noch einmal einladen.*

- *Ich mache Ihnen deshalb folgenden Vorschlag: Ich habe mich spontan für Sie entschieden, muss aber gleich sagen, dass die Entscheidung nicht bei mir allein liegt.*

- *Die letztendliche Entscheidung trifft unser Geschäftsführer. Darf ich Sie bitten, mir bis morgen 12 Uhr per E-Mail noch einmal drei Punkte zu schicken, die für Sie sprechen. Keine Doktorarbeit, sondern einfach noch einmal ein kleiner Abriss. Ist das für Sie bis morgen machbar? Ich werde das dann später mit meinem Geschäftsführer besprechen und melde mich danach bei Ihnen wegen der nächsten Runde.*

In der nächsten Runde lade ich dann die Bewerber gemeinsam ein und führe eine Art Assessment-Center durch.

Hier gibt es sehr viele, wirklich gute Möglichkeiten, wie Sie die Bewerber testen und herausfinden können, wer der oder die Richtige für Sie ist.

Immer beliebter werden neben dem klassischen Assessment-Center auch sogenannte „Potenzialtests", die meistens zunächst online ablaufen und die es uns ermöglichen, relativ schnell zu sehen, ob die Person unsere Anforderungen mitbringt. Das spart jede Menge Zeit und ist sehr effektiv bei der Auswahl passender Kandidaten.

Einen solchen Potenzialtest habe auch ich mit meinen Kollegen bei der Leadership Company entwickelt. Wenn Sie sich für so etwas interessieren, besuchen Sie einfach meine Webseite: www.online-assessmentcenter.com

Wenn Sie nach diesem Potenzialtest oder dem Assessment-Center herausgefunden haben, wer zu Ihnen und ins Jobprofil passt, laden Sie die verbleibenden Leute zu einem letzten Entscheidungsgespräch ein.

In diesem Entscheidungsgespräch geben Sie Feedback und ermöglichen dem Bewerber, seine Fragen zu stellen, die bis zu diesem Zeitpunkt noch offen geblieben sind. Unterm Strich geht es darum: *Wollen wir miteinander oder nicht?*

Wichtig an diesem Punkt ist, dass ich eine Vereinbarung treffe, was ich von meinem Gegenüber erwarte und was es von mir erwarten kann. Ich will in diesem Moment sein Commitment, also seine Verpflichtung abholen, um mich zu einem späteren Zeitpunkt darauf beziehen zu können.

Wenn sich beide klar darüber sind, was sie voneinander erwarten können, und einer kann diese Erwartungen nicht erfüllen, dann kann er Bescheid sagen. An dieser Stelle ist es noch nicht zu spät und das Kind ist noch nicht in den Brunnen gefallen.

Wenn Sie ihre Erwartungshaltung äußern, dann fügen Sie bitte auch immer eine Begründung an, wie zum Beispiel folgende: *Ich erwarte Pünktlichkeit, weil wir mit Kunden zusammenarbeiten und da stellt Zuspätkommen eine Respektlosigkeit dar.*

Mein Gegenüber muss verstehen und einen Sinn in dem sehen, was ich von ihm erwarte. Dann steigt die Wahrscheinlichkeit erheblich, dass die Person sich im nächsten Schritt auch daran hält.

Dieser nächste Schritt ist die „Onboardingphase“, das heißt, ich vereinbare bei erfolgreichem Abschluss des Einstellungsgesprächs einen Termin für den ersten Tag, an dem der neue Mitarbeiter in der Firma startet.

Und dann beginnt die nächste entscheidende Stufe auf Ihrem Weg zum Frontline Leader.

Schritt 3: Einzelne Mitarbeiter führen

Wer es geschafft hat, sich selbst zu führen und sich in den Rekrutierungsprozess einzuklinken, um genau die Leute auszuwählen, die perfekt in sein Team passen, der kann sich darauf konzentrieren, andere zu führen. Damit tun Sie endlich das, was die Aufgabe eines Leaders ist.

Ziele, Visionen und Planung

Bevor wir so richtig in das Thema einsteigen, möchte ich in diesem Abschnitt ein paar grundsätzliche Dinge erwähnen, um Ihnen den Prozess des Frontline Leadership noch einmal zu verdeutlichen.

Es geht in dieser Phase nicht mehr nur um Sie, sondern um die anderen, für deren Erfolg Sie verantwortlich sind. Das bedeutet natürlich auch, dass es nicht mehr nur um ihre Ziele, Pläne und Visionen geht, sondern auch – und wie wir sehen werden vor allem – um die Ziele Ihrer Mitarbeiter.

Dabei ist es extrem wichtig, dass Sie die Ziele Ihrer Mitarbeiter in Ihre Ziele integrieren.

Das bedeutet im Klartext: Ich integriere die Ziele meiner Mitarbeiter in meine, suche nach Überschneidungen, die für meine Leute motivierend sind, und formuliere daraus gemeinsame Unternehmensziele.

Schaffe ich das nicht und erwarte, dass die Leute meinen Zielen hinterherrennen, dann habe ich Söldner, die nicht mit dem Herzen dabei sind und nur auf das Geld schauen.

Sehen Sie sich nur einmal ein Beispiel an, wie Ziele integriert werden können und welche Diskrepanzen auf den ersten Blick entstehen:

Das Ziel des Chefs: *Ich will der beste Vertriebsdirektor Europas werden!*

Das Ziel des Vertriebsmitarbeiters: *Ich will 3000 Euro verdienen!*

Wenn der Chef versucht, seinem Vertriebsmitarbeiter seine Ziele aufzudrücken, und ihm ständig einbläut, er müsse der beste Vertriebsdirektor Europas werden, dann ergibt das einfach keinen Sinn.

Leider sieht die Realität in den meisten Unternehmen aber genau so aus: Alle sollen den Zielen von „denen da oben" folgen und deswegen interessiert sich niemand „da unten" dafür. Ich muss meine Ziele zu den Zielen der Mitarbeiter machen und das funktioniert in diesem Beispiel in einem Gespräch mit den oben genannten Vertriebsmitarbeitern so:

Wenn du 3000 Euro verdienen möchtest, dann helfe ich dir dabei und unterstütze dich dabei, dein Ziel zu erreichen. Ich sehe die realistische Chance, dass du sogar auf 3500 Euro kommen kannst, wenn wir uns zusammen etwas anstrengen.

Der Mitarbeiter muss merken, dass es hier um ihn geht, und ich muss ihm dabei helfen, sein Ziel zu erreichen, denn wenn ich mich um ihn kümmere und ihm dabei helfe, dann erlange ich auch viel eher mein eigenes.

Wenn ich ihm stattdessen mein Ziel aufdrücke, der größte Direktor zu werden, und den Mitarbeiter allein werkeln lasse, dann schafft er wahrscheinlich nur 1500 Euro und ich komme meinem eigenen Ziel nicht näher.

Und genau darum geht es: Ich führe jeden zu seinen Zielen und habe damit automatisch meines. Wenn er das Ziel erreichen soll, muss ich ihm helfen, einen Plan zu machen, wie er es schafft. Und zwar ***gemeinsam!*** Das ist Chefsache!

Meine Aufgabe als Führungskraft ist es, meine Erfahrung spielen zu lassen und ihm dabei zu helfen, auf die richtige Spur zu kommen. Diese Aufgabe muss ich auch wahrnehmen. Wie wir alle wissen, ist ein Plan leider auch nur ein Plan und eine Absicht, etwas zu tun. Deshalb bedeutet das noch lange nicht, dass dieser Plan auch aufgeht.

Im „Core-Leadership-Prozess" sprechen wir noch ausführlich darüber, wie Sie eine solche Wirkungsüberprüfung durchführen und auf den Mitarbeiter positiv einwirken, dass letztendlich doch das gewünschte Ergebnis herauskommt.

Onboarding

Unter Onboarding versteht man das Integrieren eines neuen Mitarbeiters und aller Maßnahmen, die dafür notwendig sind.Als Leader übernehmen Sie diesen Prozess selbst, weil der Mitarbeiter schnell erkennen muss, was und wie etwas zu tun ist, damit er innerhalb kürzester Zeit genau so eingesetzt werden kann, wie Sie sich das vorstellen.

Onboarding ist ein Engpass, den ich bei vielen Unternehmen regelmäßig beobachte und der erschreckende Zahlen zutage fördert: Laut einer Studie kündigen schon 90 Prozent aller Mitarbeiter in den ersten zehn Tagen innerlich.

Und das liegt vor allem daran, dass man als neuer Mitarbeiter mit großen Erwartungen in eine neue Firma kommt und dort häufig komplett enttäuscht wird.

Man kommt in die Firma, niemand hat wirklich Zeit und Lust, sich mit einem zu beschäftigen, und man wird mit Arbeit überhäuft. ***Ende!***

Doch Onboarding geht noch viel weiter. Ich kann Ihnen nur empfehlen, sich einen echten, wasserdichten Plan dafür zu erstellen, wie Sie den neuen Mitarbeiter einarbeiten und für die gesamte Anfangszeit betreuen, bis die Person eigenständig arbeiten kann.

Einarbeitung kann entweder gut oder schlecht oder richtig oder falsch sein. Das ist die Herausforderung. Wenn sie falsch ist, dann ist der Mitarbeiter weg.

Das bedeutet, ich muss mich darauf vorbereiten!

Bauen Sie sich ein Programm für den ersten Tag, die erste Woche, den ersten Monat und die ersten sechs Monate auf, denn wenn Sie Ihre Betreuung so strategisch steuern und intensivieren, dann können Sie fast sicher sein, dass sich Talente zu echten Leistungsträgern auf ihrem Gebiet entwickeln. Dazu gehört eine detaillierter Einarbeitungsplan für die ersten Tage, den Sie sich vorher zurechtlegen, damit Sie richtig starten können. Diese erste Prägephase ist superwichtig, das können Sie nie wieder aufholen oder gutmachen und deshalb müssen Sie zusehen, dass Sie sofort mit dem neuen Mitarbeiter in die richtige Richtung gehen.

Ich persönlich mache mir immer eine Checkliste, auf der ich die jeweiligen Dinge abhake, damit ich einen Plan habe und nichts vergesse.

Schon der erste Tag sollte meiner Meinung nach ein paar Highlights haben. Der klassische Bürorundgang und eine Vorstellungsrunde sind okay, dann muss ein Startgespräch mit der verantwortlichen Führungskraft stattfinden, in dem Sie klarmachen, was er kennen und können soll, wann er welches Aufgabenfeld übernimmt, welche Informationen er braucht und welche Kenntnisse er erwerben soll. Dabei werden Ziele des Mitarbeiters noch einmal ausgelotet. Es wird festgelegt und vorgestellt, was in der ersten Woche passiert.

Um Ihnen dieses Vorgehen noch einmal zu verdeutlichen, zeige ich Ihnen nun, wie ich einen neuen, unerfahrenen Außendienstmitarbeiter für den Vertrieb einarbeiten würde.

Zunächst (möglichst bereits am ersten Tag) zeige ich dem neuen Mitarbeiter als Zuschauer den gesamten Prozess von der Leadgenerierung bis zum Service. Dafür schicke ich ihn mit jemandem mit oder nehme ihn selbst mit auf einen Termin. So lernt er schon am ersten Tag die Praxis kennen und erfährt die wesentlichen Spielregeln. Am Ende dieses Tages setze ich mich noch einmal mit ihm zusammen, um ein Tagesresümee zu ziehen und einen Ausblick darauf zu geben, was die nächsten Tage genau passiert.

Die Leute an die Hand zu nehmen und 1:1 durch den Prozess zu führen, dass sie sich alles „von außen" ansehen können, ist meiner Ansicht nach der optimale Weg, den ersten Tag mit einem neuen Mitarbeiter zu verbringen. Dabei ist es sehr wichtig, die Person erst einmal zusehen zu lassen, damit sie alles in der Praxis sieht, was wir davor theoretisch besprochen haben.

Ich habe noch zwei wirklich effektive und bewährte Tipps für Sie, die Ihnen das Onboarding erleichtern werden:

1. ***Der Pate:*** Geben Sie den Leuten einen „Paten" an die Hand, also jemanden in der gleichen oder ähnlichen Position wie der neue Partner, der aber schon länger in der

Firma arbeitet und der für diese Aufgabe gebrieft wurde. So hat der neue Mitarbeiter die Möglichkeit, auch kumpelhaft und ohne allzu viel Respekt die Dinge anzusprechen oder Fragen zu stellen.

2. ***Alles ist positiv!*** Wenn der Mitarbeiter zeigt, dass er bemüht ist, dann halte ich auch bei Fehlern die Situation immer positiv und bemühe mich, ihn so zu coachen, dass er in Zukunft in der Lage ist, die Dinge selbst und fehlerfrei zu tun. Formulieren Sie lieber Ihre Kritik um und lassen Sie sich nicht von Ihrem Plan abbringen, wenn einmal etwas nicht so klappt, wie Sie sich das vorstellen.

Mein Konzept, den Mitarbeiter erst alles beobachten und erleben zu lassen, bevor ich es ihn selbst tun lasse, ist unglaublich effektiv.

Agieren Sie wie ein Skilehrer!

Denken Sie dabei einfach daran, wie ein Skilehrer arbeitet. Was ein Skilehrer mit Frontline Leadership zu tun hat? Mehr als Sie denken, aber entscheiden Sie selbst:
Stellen Sie sich vor, Sie wollen Skifahren lernen, welche Vorgehensweise ist Ihnen lieber?

Variante 1: Der Skilehrer sagt Ihnen, wie Skifahren in der Theorie geht, und bringt Ihnen die Pistenregeln bei, setzt Sie in den Lift und dirigiert Sie vom Tal aus per Walkie-Talkie den Berg hinunter.

Variante 2: Der Skilehrer führt Sie in die Theorie ein und macht sich dann mit Ihnen zusammen auf den Berg, um Ihnen dort praktisch zu zeigen, wie alles funktioniert. Dabei fährt er vor allem vor Ihnen her und fordert Sie auf, die gleichen Bewegungen und Handlungsabläufe zu machen wie er. Zudem sorgt er ständig dafür, dass Sie Ihre Bewegungen so anpassen, dass Sie schneller und einfacher Erfolge sehen.

Sie sehen, was ich meine … Genau so wie der Skilehrer dem Skianfänger muss ich als Führungskraft dem Mitarbeiter zeigen, dass er nie allein ist und dass ich immer für ihn da bin. Und das mit Handlungen und nicht nur mit Worten.

Die ersten zehn Tage sind entscheidend!

Das ist vor allem in den ersten zehn Tagen entscheidend, die ich „Prägephase“ nenne und in der ich den Mitarbeiter lernen lassen möchte, was wichtig ist und ihm das richtige Verhalten beibringe.

Ich muss ihm so schnell wie möglich Erfolgserlebnisse vermitteln. Erwachsene Menschen sind relativ ungeduldig und brauchen Erfolgserlebnisse, damit sie an etwas glauben können. Also verschaffe ich der Person genau das.

Der Schlüssel für den Erfolg und gleichzeitig einer der Stolpersteine in dieser Phase ist, dass die Leute innerhalb dieser zehn Tage verstehen, wo meine Grenzen liegen und wie weit sie gehen können. Deshalb werden Sie als Führungskraft in dieser Zeit bewusst oder unbewusst von dem neuen Mitarbeiter getestet: Mal kommt er zehn Minuten zu spät, mal hat er eine ihm gestellte Ausgabe noch nicht erledigt etc. Wenn Sie an diesem Punkt nicht absolut konsequent sind, dann weichen Sie Ihre Führungsarbeit für immer auf.

Fehler dürfen gemacht werden, aber dann muss der Fehler sofort konsequent ausgebessert und die Aufgabe wiederholt werden. Wenn der Mitarbeiter nach Hause geht und sich denkt: *Das möchte ich nicht noch einmal wiederholen,* dann haben Sie es geschafft.

Dabei kritisiere ich niemals ihn, sondern immer nur sein Verhalten. Zudem erinnere ich ihn an unsere Vereinbarungen, die wir zuvor getroffen haben.

In dieser Zeit gilt folgende Maxime: ***Jeder darf Fehler machen, aber jeden Fehler nur einmal.***

Als Frontline Leader muss ich das Vorbild sein und bleiben, damit die Person gleich das richtige Verhalten annimmt und sich von mir abschaut. Ich bin immer Vorbild – im Guten wie im Schlechten.

Für die perfekte Einarbeitung brauchen Sie 4 Phasen!

Um einen neuen Mitarbeiter perfekt einzuarbeiten, empfehle ich Ihnen, diesen Prozess in vier unterschiedliche Phasen einzuteilen. Damit brauchen Sie zwar am Anfang etwas mehr Zeit, können dann aber sicher sein, dass der Mitarbeiter auch wirklich verstanden hat, wie er was zu tun hat.

Wenn ein neuer Mitarbeiter in die Firma kommt, dann braucht er vom ersten Tag an klare Anweisungen und eine Bezugsperson, auf die er sich verlassen kann. Diese Person muss sowohl dirigieren als auch aktiv zeigen, was zu tun ist. Genau an dieser Stelle passieren in den meisten Firmen schon die ersten Fehler und letztendlich wird nur eines kommuniziert: Mach dich nützlich! Das ist allerdings nicht besonders sinnvoll!

Als Leader sage ich dem neuen Mitarbeiter genau, worum es geht und was zu tun ist, und werfe ihn nicht ins kalte Wasser. Es reicht dabei auch nicht aus, dass ich die jeweilige Tätigkeit oder Aufgabe einmal vormache und glaube, ab diesem Zeitpunkt liefe alles von allein.

Mitarbeiter kommen in den seltensten Fällen auf uns als Führungskräfte zu, wenn sie etwas nicht schaffen, und versuchen stattdessen die Fehler und Unzulänglichkeiten zu verschleiern oder zu verstecken.

Lassen Sie uns deshalb sehen, wie wir den neuen Mitarbeiter so einarbeiten, dass er schon von Anfang an das bestmögliche Ergebnis erzielt:

1. Dirigieren

Im ersten Schritt erkläre ich dem neuen Mitarbeiter, wie alles genau abläuft. Dann führe ich aktiv in Kooperation die Tätigkeit aus und erwähne bei jedem Schritt, *warum* wir was tun.

Lassen Sie uns das zusammen am besten am Beispiel einer Sekretärin ansehen: Eine neue Sekretärin, von der ich erwarte, dass sie in Zukunft meine Post sortiert, ist den ersten Tag bei mir im Büro. Deshalb setze ich mich mit ihr zusammen, erkläre ihr unser Postsystem, wie welcher Brief verteilt werden soll und was mit der an mich persönlich adressierten Post passieren soll. Dann hole ich die gesamte Post und arbeite mit ihr zusammen den Stapel ab, während ich ihr noch einmal die notwendigen Schritte erkläre.

2. Trainieren

Anstelle die Sekretärin ihrem Schicksal zu überlassen und zu erwarten, dass sie alles von allein schafft und sich alles gemerkt hat, setze ich mich am zweiten Tag erneut mit ihr zusammen und trainiere mit ihr das gestern Gelernte. Dabei lasse ich nun hauptsächlich sie agieren, stelle unterdessen Fragen und gebe weitere Erklärungen. Dabei lernt und vertieft sie die Aufgaben, weil sie von mir angeleitet wird. Dieser Prozess gilt natürlich nicht nur für Sekretärinnen, sondern für jeden einzelnen Mitarbeiter im Unternehmen.

Je komplexer die jeweilige Aufgabe ist, desto mehr muss ich hier unterstützen, der Prozess und die Mühe zahlen sich aber aus, da die Leute sehr schnell viel besser werden und die Fehleranfälligkeit dramatisch abnimmt.

3. Überprüfen / Unterstützen

Wenn ich nach mehrmaligem gemeinsamen Trainieren das Gefühl habe, dass der neue Mitarbeiter die Tätigkeit allein bewerkstelligen kann, dann sage ich: *Erledigen Sie die Aufgabe bitte eigenständig und kommen Sie dann wieder zu mir, damit wir uns das gemeinsam ansehen und ich Sie unterstützen kann, wenn noch etwas ist.*

4. Delegieren

Erst in diesem vierten Schritt übertrage ich der Person die volle Verantwortung und gebe ihr die Möglichkeit, wieder auf mich zuzukommen, wenn sie Fragen hat.

So habe ich der Person den gesamten Arbeitsablauf beigebracht und eine echte „Einarbeitung" vorgenommen.

Wir lieben es, den Leuten etwas zu sagen und sie dann einfach machen zu lassen, weil es für uns weniger Aufwand und Anstrengung bedeutet. Deshalb machen auch die meisten Chefs den Fehler, von Schritt 1 gleich auf Schritt 4 überzugehen, und zu hoffen, dass alles glattgeht.

Auch wenn meine Vorgehensweise zunächst aufwändig ist, lohnt sich das langfristig und spart einen Haufen Zeit. Als Leader muss ich die Leute befähigen und unterstützen, anstatt sie im Regen stehen zu lassen und nur zu fordern.

Ich habe noch einen wichtigen Tipp, der Ihnen in Ihrem täglichen Leadership weiterhelfen wird: Führen Sie mit Ihren direkt zugeordneten Mitarbeitern regelmäßige Mitarbeitergespräche. Dies bitte nicht in der Küche oder zwischen Tür und Angel, sondern auf ernsthafte, professionelle Art. Diese Gespräche sollten Sie während der gesamten Onboardingphase sogar mindestens einmal pro Woche ansetzen und dort eine Wirkungsüberprüfungs- und Planungssession einplanen.

In diesen Situationen können Sie konzentriert sprechen und den neuen Mitarbeiter durch persönlichen Einfluss entwickeln. Zudem lernen Sie ihn viel besser kennen und können sich so in Zukunft auf seine Bedürfnisse, Wünsche und Fähigkeiten einstellen.

Achten Sie in Zukunft bewusst darauf, eine echte, vierstufige Einarbeitung durchzuführen, und ich verspreche Ihnen, dass Sie schon bald sagen werden: Nie mehr ohne!

Schritt 4: Teams führen und Organisationen aufbauen

An dieser Stelle möchte ich mit Ihnen über die Königsdisziplin im Leadership sprechen, nämlich darüber, wie Sie neue Führungskräfte und Leader hervorbringen.

Dabei gibt es ein paar entscheidende Faktoren wie echte, leistungsstarke Teams entstehen, die der Nährboden für fähige Leader sind.

Teambildung

Zuallererst ist dabei die ***Kohäsion*** im Team, also die Teambildung und der Zusammenhalt in der Gruppe, zu nennen. Denn Sie brauchen für ein Siegerteam nicht nur Mitarbeiter, sondern müssen aus diesen echte Fans machen.

Die Beziehungsebene schlägt dabei immer die Sachebene, und eine gute Gruppendynamik entsteht nicht von allein. Sie muss von Ihnen als Leader bewirkt und provoziert werden. Dabei ist nach dem Frontline-Leadership-Prinzip Ihr eigenes Verhalten der entscheidende Faktor dafür, wie eng das Team zusammenarbeitet.

Lassen Sie mich Ihnen kurz von meinem letzen Urlaub in Griechenland erzählen, da ich Ihnen hiermit zeigen kann, wie Leadership in Perfektion praktiziert wird.

Normalerweise würde ich niemals immer und immer wieder in das gleiche Hotel am gleichen Ort fahren. Es gibt da aber ein Hotel auf Mykonos, das mich nunmehr zum fünften Mal in Folge begeistert hat.

Nicht nur das Team, der Ort und die Führungskräfte sind vorbildlich, sondern auch der Service und der allgemeine Wohlfühlfaktor sind kaum zu übertreffen.

Aber woran liegt das und wie kann es sein, dass dieses Hotel mitten in einer Krise ständig ausgebucht und übervoll ist, während das Nachbarhotel jeden Monat knapp an der Pleite vorbeischrammt und um jeden einzelnen Gast kämpfen muss?

Der Grund ist, dass dieses Hotel unbewusst nach dem Frontline-Leadership-Prinzip geführt wird, während im Nachbarhotel ein autoritärer Chef an der Spitze steht, der seine Mitarbeiter von morgens bis abends anschreit.

In meinem Lieblingshotel ist wirklich alles perfekt, seit mehreren Jahren arbeitet es, was branchenunüblich ist, immer mit den gleichen Mitarbeitern zusammen, die das Hotel mit einer Leidenschaft und Begeisterung in Schwung halten, dass es eine wahre Freude ist.

Der Besitzer des Hotels ist selbst kaum da, hat aber die Führung des Hotels seinen Söhnen überlassen, die jeden Tag der Woche da sind, um Leadership par excellence zu betreiben. Ich habe mich immer wieder gefragt, wie es in diesem Hotel möglich ist, dass sowohl die Gäste als auch die Mitarbeiter absolute Fans sind, die dafür sorgen, dass man sich innerhalb von zehn Sekunden in totaler Urlaubsstimmung befindet.

Eines Tages konnte ich eine Situation beobachten, die mir eindrücklich gezeigt hat, wie es passiert. Bei der Ankunft zahlreicher Gäste war Hochbetrieb an der Rezeption und mehrere Mitarbeiter inklusive des Chefs waren mit dem Check-in beschäftigt, während der Kofferträger das Gepäck der Gäste aus den Fahrzeugen in die Lobby brachte.

Plötzlich erfasste der Chef an der Rezeption die Situation, erkannte einen Engpass und stellte fest, dass der gesamte Prozess dadurch verlangsamt wurde, dass der Kofferträger zu langsam arbeitete.

Doch anstatt ihm eine Anweisung zu geben, schneller zu arbeiten, stürmte der Chef hinter seinem Tresen hinaus, ging ans Auto und wuchtete einen Koffer heraus. Dann sprintete er damit in Richtung Lobby, wobei er den Kofferträger überholte. Dieser sah seinen Chef an ihm vorbeiflitzen und plötzlich arbeitete auch er viel schneller.

So praktizierte der Chef dieses Hotels, ohne etwas zu sagen oder ohne es zu wissen, perfektes Frontline Leadership. Er erkannte den Engpass, wurde selbst aktiv und sorgte so für einen reibungslosen Ablauf. Und genau nach diesem Prinzip funktioniert das ganze Hotel, wodurch es zu einem der schönsten Plätze der Welt für seine Gäste wird, die immer und immer wieder kommen.

In der praktischen Anwendung für Sie und Ihre eigene Führung gibt es ein paar sehr wirksame Methoden, wie Sie die Beziehung und persönliche Motivation Ihrer Mitarbeiter hochhalten können.

Dafür gibt es beispielsweise das „Meeting nach dem Meeting“, das heißt, nach einem Meeting geht nicht jeder gleich nach Hause oder zurück an die Arbeit, sondern man setzt sich noch ganz locker und ungezwungen zusammen, um über alles Mögliche zu sprechen.

Denn wenn Sie sich mit Ihren Mitarbeitern in ungezwungener, weniger strenger Atmosphäre zusammensetzen, dann haben Sie die Gelegenheit, viel mehr zu erfahren, was die Leute bewegt, und können an Ihrer Bindung und der Beziehung zu Ihren Mitarbeitern arbeiten. Dabei ist es wichtig, dass die Beziehungsebene schon vorher stimmt und dass die Leute gerne am „Meeting nach dem Meeting" teilnehmen, denn dieses sollte immer einen freiwilligen Charakter haben. Wenn die Beziehung nicht stimmt, dann kommen die Leute einfach nicht mehr mit oder machen sich gleich wieder an die Arbeit.

Eine optimale Vorgehensweise, seine „Fangruppe" in der Mitarbeiterschaft zu erweitern, ist immer auch, die Familie aktiv einzubeziehen.

Dafür sollten Sie nach Möglichkeit alle drei bis sechs Monate eine Feier oder eine Veranstaltung abhalten, auf der Ihre Mitarbeiter Ihre Partner und Kinder mitbringen können. Orientieren Sie sich dabei stets an Ihrer Zielgruppe und fragen Sie sich, was zu ihren Leuten passt.

Solche Events und Veranstaltungen sind immer ein echtes Highlight. Sie können ein Sommerfest organisieren, zusammen Skifahren gehen oder einen anderen gruppendynamischen Prozess in Gang setzen, der ohne Leistung oder Wettbewerbe auskommt.

Gemeinsame Erlebnisse und Erfahrungen schweißen mehr zusammen als alles andere und bilden damit die Grundlage für ein starkes, einheitliches Erfolgsteam.

Eine weitere tolle Möglichkeit, Ihrer Führung eine neue Intensität zu geben, sind Teamwerte.

Dabei ist es wichtig, dass Sie dabei nicht wie über 99 Prozent aller anderen Führungskräfte und Firmen vorgehen und einfach Werte festlegen, denn dann verpufft die Wirkung in den häufigsten Fällen.

Erarbeiten Sie deshalb Ihr eigenes Motto und Ihre eigenen Werte gemeinsam mit Ihren Mitarbeitern und halten sie diese schriftlich fest. Dabei entsteht in der Regel ein

„Wir-Gefühl", da nicht nur irgendwelche Regeln oder Werte „von oben" vorgegeben wurden, sondern jeder die Gelegenheit hatte, aktiv auf diesen Prozess einzuwirken.

Wenn Sie einen neuen Mitarbeiter „onboarden" und einarbeiten, dann müssen Sie ihm diese Teamwerte nicht nur zeigen, sondern auch erklären, warum es sie gibt, welchen Sinn sie haben und was er davon hat.

Regeln kann man setzen, Werte muss man vermitteln

Dabei sollten Sie immer die Frage stellen, ob sich die Person damit identifizieren kann und ob sie bereit ist, sich an diesen Teamwerten zu orientieren.

Wesentlich ist, dass Sie einen neuen Mitarbeiter nicht in Ihr Team aufnehmen dürfen, wenn er sich nicht damit identifizieren kann. Denn ein Team besteht auch immer aus einer Wertegemeinschaft, die die gleichen Werte und Philosophien für sich ansetzt.

Wenn ich beispielsweise Filialleiter bin, dann ist es nicht wichtig, dass mich mit ***allen*** Mitarbeitern die gleichen Werte verbinden, sondern nur mit den Leuten, mit denen ich direkt zusammenarbeite. Das sind in diesem Fall meine Teamleiter, die jeweils auch noch immer Mitarbeiter unter sich haben, die wieder eine eigene Wertegemeinschaft bilden.

Für Sie und Ihre direkten Mitarbeiter ist ein solches Wertesystem meiner Meinung nach unersetzbar, und je weiter es sich in Ihrer Organisation nach unten fortpflanzt, desto besser ist das für Ihre Ergebnisse. Denn eine Wertegemeinschaft bringt automatisch auch immer einen tollen Teamgeist mit sich. Zudem erkennen Sie sehr leicht, wenn jemand eben nicht dazu passt und sich mit Ihren Werten nicht identifizieren kann.

Dabei ist, wie ich schon am Anfang des Buches erwähnt habe, ein Team mit unterschiedlichen Persönlichkeiten meiner Meinung nach auch immer am erfolgreichsten. Es ist Ihre Aufgabe als Leader, unterschiedliche Menschen mit unterschiedlichen Fähigkeiten zu einem Team zusammenzuschweißen und auf ein gemeinsames Ziel auszurichten.

Um Ihr Team zu bewegen, gibt es ein paar klassische Methoden der Führung, die ich noch einmal für mich verfeinert habe und die ich Ihnen an die Hand geben möchte.

Jedes Teammeeting, jede Teambesprechung, die Projektgruppe, die Konferenz und jedes Meeting haben ihre Berechtigung und ihren festen Platz in unserer Arbeitswelt.

Was dabei aber häufig in all dem Trubel vergessen wird, ist die Zielorientierung, also ein klares Ergebnis, das bewirkt werden soll. Denn genau daran scheitern die meisten Meetings und Kongresse: Es wird viel gesagt und viel debattiert, aber am Ende sind sich nur die wenigsten über ein konkretes und umsetzbares Ergebnis im Klaren.

Involvieren Sie auch immer Ihre Mitarbeiter aktiv in den Entscheidungsprozess, denn das ist ein tolles Mittel, um die Leute zu beteiligen, den Teamprozess zu fördern und gute Stimmung in der gesamten Firma zu verbreiten.

Beteiligt zu sein, involviert zu werden und Verantwortung zu haben: DAS bringt jeden einzelnen Mitarbeiter in einem Team in die Pole-Position.

Das Ziel all dieser Maßnahmen ist nicht nur die gesteigerte Motivation und das erhöhte Zusammengehörigkeitsgefühl der Mitarbeiter.

Wenn möglich, sollen aus einem Team heraus neue Führungskräfte entstehen. Denn es ist immer besser, neue Führungskräfte selbst zu entwickeln, als jemanden von außen dazuzuholen.

Entwicklung einer systematischen Ausbildung

Das ist die Königsdisziplin und der höchste Punkt für jeden Leader: Einen neuen Leader nachzuziehen, der ein echter Superstar werden kann. Das Ziel ist nicht, Kopien von sich selbst zu entwickeln, sondern eigene starke Persönlichkeiten hervorzubringen, die mit ihrem eigenen Charakter und ihrem eigenen Stil Ihr Erbe in Zukunft weitergeben. Diese Menschen sollen an sich selbst glauben und zum selbstständigen Denken erzogen werden.

In vielen Unternehmen, darüber hatten wir ja schon kurz gesprochen, werden die Leute von ihren Chefs extra klein gehalten und unterdrückt, weil sie Angst davor haben, überholt zu werden.

Lösen Sie sich von solchen Gedanken, denn wenn Sie in Zukunft nach dem Frontline-Leadership-System führen, dann werden Sie feststellen, dass die Loyalität dieser Menschen sehr groß ist und es dieses Problem kaum geben wird.

Eines kann ich Ihnen versprechen: Wenn Sie ein echter Frontline Leader geworden sind, dann wird sich das nicht nur in Ihrer Firma herumsprechen. Die Ergebnisse werden Ihnen einen Ruf verschaffen, dass Sie sich, sollten Sie doch einmal aus irgendwelchen Gründen „abgesägt" werden, einfach in jedes beliebige Taxi setzen können und sagen: Bringen Sie mich irgendwo hin, ich werde überall gebraucht!

Das klingt zwar etwas extrem, aber stellen Sie sich schon vorher auf zahlreiche Anrufe von Headhuntern ein ... Alle meine Kunden und Kollegen, die Frontline Leadership praktizieren, sind weltweit in Firmen gefragt, weil sie vor allem eines tun: Sie bewirken bessere Ergebnisse als alle anderen!

Schaffen Sie sich dafür alle notwendigen Prozesse, insbesondere dann, wenn Sie in einem Unternehmen mit verschiedenen Führungsebenen als Leader aktiv sind. Denn je mehr Leute in einem solchen System sind, desto systematischer müssen auch Ihre Führungsprozesse ablaufen.

Es soll nicht jeder das machen, was er will, sondern jeder soll etwas haben, woran er sich festhalten kann.

Nehmen wir dafür als Beispiel ein klassisches Vertriebsunternehmen. Die vier Hauptprozesse in einer solchen Firma sind folgende:

1. Verkaufsprozess,
2. Recruitingprozess,
3. Onboardingprozess,
4. Führungsprozess.

Ein Prozess beschreibt immer eine Vorgehensweise und ein System, nach dem bestimmte Dinge ablaufen. Die Menschen in diesem System erlernen weniger die Fähigkeit, etwas zu tun, sondern das System. Nehmen Sie sich nur einmal den Weltkonzern McDonald's.

Hier lernen Sie als Franchisenehmer nicht, wie Sie ein normales Restaurant führen, wie Sie tolle Burger braten oder wie Sie Werbung machen... Sie lernen vor allem und zuallererst das „System McDonald's“ von A bis Z, und Ihnen bleibt dabei nur ganz wenig persönlicher Spielraum.

Oder sollte ich besser sagen: weniger Platz für Fehler?

Das System ist nämlich so ausgeklügelt und hat sich über so viele Jahre bewährt, dass es einfach genial funktioniert. Oder kennen Sie auch nur einen einzigen McDonald's, der pleite gemacht hat und geschlossen wurde?

Genauso ist es in einem Vertriebsunternehmen, beispielsweise im Verkauf.

Die Leadgenerierung findet immer auf die gleiche Weise statt, und dafür gibt es standardisierte Abläufe für unterschiedlichste Fragen:

- Wie wird der Erstkontakt zum Kunden aufgebaut?
- Wie funktioniert die Präsentation vor Ort? Findet so etwas überhaupt statt?
- Wie wird der Bedarf des Kunden ermittelt?
- Wird ein 1-Phasen- oder 2-Phasen-Verkaufsgespräch geführt?
- Wie läuft die Serviceleistung danach ab?
- Wer übernimmt im Anschluss die laufende Kundenbetreuung?
- Etc.

Jeder Prozess und jede Handlungsabfolge lässt sich standardisieren. Stellen Sie sich dabei immer die Frage, wie der Prozess im optimalen Fall aussieht, der zum Erfolg führt, und definieren Sie danach einen Plan.

Um den „Neuen" diesen Plan näherzubringen, empfehle ich Ihnen, ein Handbuch anzulegen und aufzuschreiben, wie was zu welchem Zeitpunkt passieren soll, und für jeden einzelnen Teil eine Art Leitfaden zu entwickeln.

Dieses Handbuch können Sie je nach Tätigkeit und Bedarf um Tools ergänzen. Das können z. B. Powerpoint-Präsentationen, Videos, Broschüren und Folder sein, die Sie Ihren Mitarbeitern zur Durchführung des Plans zur Verfügung stellen. Damit das alles reibungslos funktioniert, sollte parallel dazu ein Ausbildungsprogramm stattfinden.

Die Regel hier heißt: „Bringen Sie nicht unbedingt mehr Leute ins System, sondern mehr System in Ihre Leute!"

Denn wenn es kein System gibt, dann herrscht meistens Individualismus oder Chaos. Die Instrumente müssen vorgegeben sein, damit sie jeder für sich nutzen kann. Je häufiger ein neuer Mitarbeiter in Ihre Firma kommt, desto wichtiger ist das Ausbildungssystem. Der Neue steigt in dieses System ein und kommt am Ende voll ausgebildet heraus.

Denken Sie dabei nur einmal daran, wie Sie einen Tauchschein bekommen: Der Tauchlehrer wird Sie kaum der Gefahr aussetzen und Sie in Ihrem ersten Tauchgang in einem Riff voller Haie allein aussetzen und auf 100 Meter heruntergehen lassen. Stattdessen gibt es ein klar definiertes Theorie- und Praxisprogramm, das Ihnen alle Dinge vermittelt, die Sie wissen müssen, um sicher und mit geringem Risiko zu tauchen.

Auch hier gibt es also ein klares Handbuch, wie alles ablaufen muss. Das Handbuch ist zwar Arbeit, für Sie als echter Leader aber absolut ***Pflicht!*** Beginnen Sie einfach damit, die Dinge aufzuschreiben, und verändern Sie es dann im Lauf der Zeit und passen Sie es an neue Entwicklungen an.

> Je größer Ihr System ist und je mehr Menschen darin involviert sind, desto wichtiger ist das System für Ihren Erfolg. Ab einer gewissen Größenordnung ist das System sogar alles entscheidend für Ihren Erfolg.

Das gilt nicht für alle Ebenen, auch wenn viele Unternehmen (leider) die echte und systematische Ausbildung ihrer Führungskräfte vergessen oder zumindest vernachlässigen.

Idealerweise lernt man als Führungskraft die Dinge immer bevor man eine neue, anspruchsvollere Tätigkeit übernimmt. Für die Aufgabe vorher bereit zu sein, ist ein absolutes Erfolgsgeheimnis. Man wird immer vorher befähigt und kann dann gleich richtig loslegen. Begleitet wird das am besten von der eigenen Führungskraft, die neben der Ausbildung auch das kontinuierliche Coaching übernehmen kann.

Meine persönliche Empfehlung für Ihr System ist, dass Sie den Leuten in allen Bereichen immer 70 bis 80 Prozent des Systems als „Gerippe" vorgeben und ihnen dann die Möglichkeit lassen, den Rest mit ihrer eigenen Persönlichkeit zu füllen. Damit haben Sie Grundprozesse, Highlights und Leitungsanreize, sodass die Teamentwicklung überwiegend standardisiert funktioniert und auch wirklich klappt.

Es sollte auch immer Leistungskennzahlen geben, damit man loben, verbessern und kontrollieren kann. Die Leistungsmessung zeigt, welche Ergebnisse bewirkt worden sind und wo Sie als Leader eingreifen müssen.

Denken Sie dabei einfach an die Messinstrumente im Auto – den Benzinstand schätzt man nicht, sondern man misst ihn! Ich denke, keiner von uns würde freiwillig eine weite Reise in einem Fahrzeug auf sich nehmen, wenn er nicht weiß, wie viel Benzin ihm zur Verfügung steht. Natürlich kann man das tun, die Wahrscheinlichkeit, dass etwas schiefgeht, ist aber relativ groß.

Ich habe noch ein echtes Geheimnis für Sie, wie Sie in Zukunft die Qualität Ihrer Führung überprüfen können: Sie müssen immer sehen, wie Ihre Aktionen und Messkennzahlen zwei Ebenen unter Ihnen ankommen.

Führung mit hoher Durchdringung ist das größte Qualitätsmerkmal für Ihren Leadership. Daran können Sie feststellen, wie die Sachen ankommen und funktionieren.

Das hat nicht den Sinn des Kontrollierens, sondern soll letztendlich dazu führen, dass Sie beobachten und überprüfen, wie Ihre indirekten Mitarbeiter das weitergeben, was Sie zwei Ebenen höher tun. Sollte einmal etwas nicht so eintreten, wie von Ihnen gewünscht, dann gehen Sie nicht mit Strafe oder anderen Führungsinstrumenten vor, sondern überlegen Sie sich im ersten Moment einmal, was Sie an Ihrem eigenen Führungsverhalten verändern müssen, damit Sie in Zukunft die von Ihnen gewünschten Ergebnisse in der zweiten Ebene vorfinden.

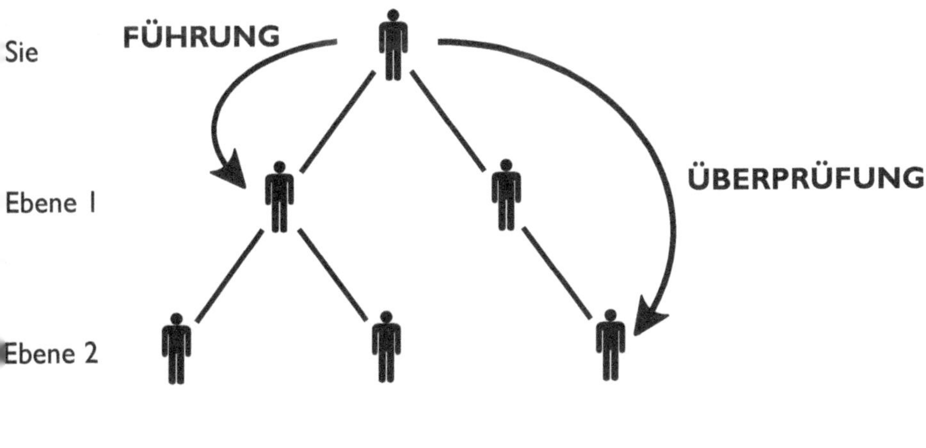

Ein System zu haben, reicht normalerweise nicht aus, Sie müssen es auch immer und immer wieder aktivieren. Neben Schulungen und Training sollten Sie deshalb auch immer Aktionen und gemeinsame Aktivitäten einführen. Das bringt als standardisiertes Vorgehen immer wieder neuen Schwung in die Gruppe und verbessert die Erfolgsquoten erheblich.

Überlegen Sie sich dabei eigene Aktivierungsmaßnahmen, seien Sie selbst aktiv und verpacken Sie alles als Spiel oder Wettbewerb, um die Leute in Schwung zu bringen. „Die Dinge passieren nicht von allein, sie müssen in Gang gebracht werden!"

Das ultimative Ziel eines jeden Leaders

Ihr ultimatives Ziel als Frontline Leader sollte immer sein, neue Leader hervorzubringen, Talente aufzubauen und sie so weit zu entwickeln, bis sie allein laufen können und sie irgendwann ablösen, um Sie dann im finalen Stadium zu übertreffen.

Dabei ist es das höchste Gut und der größte Gewinn für jedes Unternehmen, wenn Sie neue Führungskräfte aus den eigenen Reihen entwickeln, weil die Leute das, was sie vorher gelernt haben, weitergeben können. Deshalb ist eine im Unternehmen entwickelte und gewachsene Führungskraft immer mehr wert als eine, die von außen kommt.

Sie sind dann ein exzellenter Leader, wenn Sie für das Tagesgeschäft überflüssig werden.

Das heißt nicht, dass Sie wirklich überflüssig wären, sondern dass Sie so gute Leute und ein so gutes System geschaffen haben, dass alles wie eine gut geölte Maschine von selbst läuft. Dann werden Sie unglaubliche Ergebnisse mit minimalem Aufwand erzeugen, können sich über ein maximal gesteigertes Einkommen freuen und machen sich in Ihrer Firma als Top-Leader einen echten Namen.

Nun kennen Sie die vier Schritte des Frontline-Leadership-Systems. Im Folgenden möchte ich Ihnen noch einige Tipps geben, wie Sie jeden einzelnen Mitarbeiter zu Höchstleistungen führen können.

Leitlinien für die individuelle Führung der Mitarbeiter

Nicht nur Ihr Team als Ganzes will geführt werden, sondern es ist auch wichtig, auf die einzelnen Personen und Charaktere einzugehen, die sich in Ihrer Mannschaft zusammengefunden haben.

> Je größer eine Organisation ist, desto mehr muss ich mich um wenige Schlüsselpersonen kümmern, die dann dafür sorgen, dass meine Führungsinstrumente im gesamten System funktionieren, da die Betreuung des Einzelnen gar nicht mehr möglich wäre.

Das „Frontline-Leadership-System" basiert auf der Annahme, dass Sie als Leader Ihr Team „von vorne" führen und sich im Schwergewicht des Geschehens platzieren, wo Sie am meisten Einfluss auf den Erfolg nehmen können.

Ich möchte Sie noch einmal auf diese Grundannahme hinweisen und Ihnen eine Geschichte von einem der größten „Frontline Leader" der Geschichte erzählen: von Alexander dem Großen!

Alexander der Große hat früh erkannt, dass die Führung von vorne zwar mit höheren Risiken verbunden ist und einen höheren Einsatz von ihm persönlich verlangt, er dafür aber aufgrund dieses Führungsstils auch mit einem kleinen Heer gegen eine große Übermacht bestehen kann.

Der zweite Ansatz, dem er immer folgte, war, Sie werden es ahnen, sich im Schwergewicht des Geschehens zu platzieren und dort eine Entscheidung herbeizuführen. So geschehen ist das am 1. Oktober 333 vor Christus bei Issos, wo es zwischen ihm und dem übermächtigen Perserkönig Dareios zur Schlacht kam.

Obwohl er ihm rein stärkemäßig weit unterlegen war, konnte Alexander bei dieser Schlacht den entscheidenden Sieg für sich herbeiführen. Dies schaffte er, indem er persönlich einen direkten Angriff zusammen mit seiner Reiterei durchführte und damit Dareios in die Flucht schlug. Als dessen Heer bemerkte, dass sich der Oberbefehlshaber auf dem Rückzug befand, ließ es vom Kampf ab, obwohl zu diesem Zeitpunkt einige Truppen Alexanders bereits so gut wie geschlagen waren.

Ich erzähle Ihnen hier dieses Beispiel, weil es für mich anschaulich zeigt, warum ein guter Leader, der mutig vorangeht, für außergewöhnliche Erfolge so wichtig ist.

Legen Sie sich dafür ein „Entrepreneurial Behaviour", also ein unternehmerisches Denken und Handeln zu, agieren Sie immer ergebnisorientiert und nicht nur aufgabenorientiert. Treffen Sie selbstständige Entscheidungen im Sinne der Zielerreichung und überlegen Sie sich bei jedem Schritt, wie Sie schneller an das gewünschte Ergebnis kommen. Warten Sie nicht darauf, dass jemand kommt und sie beauftragt.

Alles was der Sache hilft, das hilft in Zukunft auch Ihnen.

Die fünf wichtigsten Führungsgrundsätze

Wenn es um die Führung einzelner Mitarbeiter geht, dann werden die folgenden Fehler besonders oft gemacht, und deshalb habe ich sie hier für Sie aufgelistet und zeige Ihnen, wie Sie diese vermeiden.

Eines kann ich Ihnen versprechen: Wenn Sie als Führungskraft diese Punkte für sich umsetzen und mindestens drei Monate konsequent am Ball bleiben, werden Sie nicht nur Ihre Führungsqualitäten, sondern auch Ihre Ergebnisse gewaltig verbessern.

Kommen wir nun also zu den fünf wichtigsten Führungsgrundsätzen und den damit verbundenen Fehlern, die in fast allen Unternehmen gemacht werden:

Ziele definieren

Messbare, terminierte Ziele zu setzen, ist die wichtigste Führungsaufgabe. Es sind je nach Unternehmensstrategie entweder die Ziele des Unternehmens, die persönlichen Ziele des Verkäufers oder ein Mix aus beidem.

Ziele müssen immer „SMART“ sein. Das bedeutet:

- **S**pezifisch,
- **M**essbar,
- **A**ttraktiv,
- **R**ealistisch,
- **T**erminiert.

Dazu gehören auch ergebnisorientierte Aufgabenbeschreibungen sowie ergebnisorientiertes Denken und Handeln. Nicht umsonst heißt es: „Wer sein Ziel kennt, findet auch den Weg!" Es ist für jeden wichtig zu wissen, was man will, was die Orientierung ist und nach was man beurteilt wird.

Führungsgrundsatz 1: Definieren Sie klare, terminierte Ziele für sich und Ihr Team. Setzen Sie diese konsequent und ergebnisorientiert um.

Entscheidungen treffen

Entscheidungen aufzuschieben oder sich vor Entscheidungen zu drücken, zeigt ausgeprägte Führungsunfähigkeit.

Typische Antworten von Menschen, die entscheidungsunfähig sind, lauten:

- „Ich weiß nicht, ob ich dafür überhaupt zuständig bin."
- „Ich habe im Augenblick eigene Probleme."
- „Das machen wir morgen."
- „Das hat noch Zeit, drängeln Sie nicht so."
- „Kann das nicht die Gruppe entscheiden?"
- „Kann das nicht jemand anderes entscheiden?"
- „Warten wir, bis sich eine Lösung von selbst ergibt."

– oder Ähnliches.

Nicht entschlussfähige Menschen lieben es, Probleme auszusitzen, Konflikten auszuweichen, alles auf die lange Bank zu schieben, Zuständigkeit abzuschieben oder eine Gruppe abstimmen zu lassen. Dabei ist das Ziel immer, später sagen zu können: *Das war nicht meine Entscheidung!*

Eine der wichtigsten Aufgaben einer Führungskraft ist, Entscheidungen zu treffen.

Ob meine Entscheidung richtig war, weiß ich immer erst im Nachhinein. Die Kunst einer Führungskraft ist es, aufgrund der Folgen einer Entscheidung die Lage neu zu beurteilen und eine neue Entscheidung zu treffen.

Die Vorbereitung für die Entscheidungsfindung können auch andere Personen vornehmen. Die Entscheidung trifft aber immer die dafür verantwortliche Vertriebsführungskraft. Dafür gibt es den „Sales Leadership".

Den Prozess der richtigen Entscheidungsfindung, mit dem Sie eine größtmögliche Präzision von verschiedenen Lösungsvarianten abwägen und den bestmöglichen Weg gehen können, zeige ich Ihnen in einem meiner Seminare.

Führungsgrundsatz 2: Treffen Sie Entscheidungen schnell, konsequent und übernehmen Sie hundertprozentige Verantwortung!

Ihren Mitarbeitern vertrauen, sie fordern und ihnen Verantwortung übertragen

Verantwortung zu übertragen, ist der wichtigste Vertrauensbeweis. Der Mensch wächst mit seiner Verantwortung, nicht mit seiner Aufgabe. Wenn das Wissen zur Aufgabenlösung fehlt, muss der Mitarbeiter durch die führungsverantwortliche Person begleitet und angeleitet werden, damit Erfolg für alle Beteiligten sichergestellt ist.

Typische Fehlverhalten von Führungskräften in dieser Situation sind, wenn Kompetenzen zurückgehalten und nur einfache Arbeiten zugeordnet werden.

Viele haben Angst, dass nicht alles richtig gemacht wird, und machen daher lieber alles gleich selbst. Nachher jammern sie dann, wie „unfähig“ und „unselbstständig“ alle Mitarbeiter seien.

Mitarbeiter muss man fordern, fordern und wieder fordern, ohne sie zu überfordern, und deswegen ist es unbedingt notwendig, „Mitarbeiter“ nicht unvorbereitet „ins kalte Wasser“ zu stoßen! Mitarbeiter sollten je nach Entwicklungsgrad gefördert, trainiert, begleitet und unterstützt werden.

Mitarbeiter im Verkauf wachsen durch Vertrauen, Unterstützung, Förderung und Entwicklung von Seiten der „Sales Leader“. Speziell das „Vormachen“ und „Nachmachen“ unter Anleitung trägt wesentlich zur erfolgreichen Weiterentwicklung eines Vertriebsmitarbeiters bei.

> **Führungsgrundsatz 3**: Führen Sie als inspirierendes, vertrauensvolles Vorbild, das seine Mitarbeiter je nach Entwicklungsgrad individuell fördert und fordert!

Feedback geben

Eine der wichtigsten Maßnahmen ist, dem Verkäufer oder der unterstellten Vertriebsführungskraft laufend Feedback zur Entwicklung, zu den Aufgaben und Zielen zu geben.

Vertriebsmitarbeiter brauchen sofortiges, ehrliches Lob, Anerkennung und Wertschätzung genauso wie konstruktive Kritik und Hilfestellung zur Weiterentwicklung.

Laufende tägliche Kommunikation zwischen Vertriebsführungskraft und Vertriebsmitarbeiter ist notwendig und trägt unglaublich zur positiven Entwicklung der Mitarbeiter und des Betriebsklimas bei.

Das beinhaltet z. B. soziale Anrufe, wenn Sie wissen, dass es dem Mitarbeiter einmal nicht so gut geht. Dazu gehört außerdem, dem Mitarbeiter zuzuhören und ihm Kraft zu geben. Dazu zählt ebenso der Anruf oder die kleine Aufmerksamkeit zum Geburtstag oder eine Gratulations-SMS bei bestimmten Anlässen oder Erfolgen.

Bei speziellen Vertriebserfolgen des Mitarbeiters, beim Erreichen von Zielen sind neben dem „Formellen“ vor allem der „persönliche Handshake“, das „Daumen hoch“, das ehrliche „Auf-die-Schulter-Klopfen“, Zeichen der individuellen Wertschätzung eines „Sales Leader“ für seine Mitarbeiter im Team. Manchmal reichen auch die scheinbar kleinen Dinge wie der Rückruf oder das Beantworten einer E-Mail, um Interesse am Mitarbeiter zu zeigen.

Jedes Mal, wenn etwas davon unterlassen wird, ist es ein Zeichen mangelnder Wertschätzung und fehlenden Respekts. Dies führt nach einiger Zeit zu Vertrauensverlust und Beziehungsstörung.

Führungsgrundsatz 4: Geben Sie regelmäßiges, konstruktives und persönliches Feedback, um die Entwicklung Ihrer Mitarbeiter zu fördern.

Mitarbeiter nicht „im Regen“ stehen lassen

Kameradschaft ist eine wesentliche Eigenschaft einer Vertriebsführungspersönlichkeit. Ihnen anvertraute Mitarbeiter müssen sich auf Sie verlassen können. Sie müssen sicher sein, dass Sie für sie einstehen, in guten und vor allem auch in schweren Zeiten.

So sollte es nicht laufen: Bei guter Vertriebsleistung war es Ihr Verdienst als Führungskraft und bei schlechter Leistung die Schuld Ihrer Mitarbeiter.

Wenn Sie etwas sagen, dann halten Sie es ein – auch wenn es schwer ist. Vertriebsführungskräfte zeichnet Handschlagqualität aus. Alle müssen wissen, dass der Chef zu seinem Wort steht. Versprochen ist versprochen.

In Krisenzeiten oder bei schweren Aufträgen gehen Sie als Leader voran und machen insbesondere komplizierte Aufgabenstellungen vor.

Sie sollten Verkäufer bei schwierigen Angelegenheiten nicht alleine lassen oder die Schuld bzw. die Verantwortung auf sie abschieben. Gerade in solchen Fällen muss der Sales Leader „die Kuh vom Eis holen".

Das heißt manchmal auch, sich von Mitarbeitern zu trennen, die keine Chance auf Vertriebserfolg haben, weil sie einfach keine Verkäufer oder Vertriebsführungskräfte sind. Das Selbstvertrauen und Selbstwertgefühl des Mitarbeiters sollte nicht durch permanente Erfolglosigkeit nachhaltig beschädigt werden.

Genauso dazu gehört allerdings, sich um diejenigen zu kümmern, die uns brauchen. Wichtig ist vor allem die Gabe, die einen von den anderen zu unterscheiden.

Führungsgrundsatz 5: Seien Sie ein verlässlicher, mutiger und hilfsbereiter Partner, der auch in schwierigen Situationen seine uneingeschränkte Unterstützung leistet.

Der geheime Kodex für echte „Frontline Leader“

Hinter diesen Führungsgrundsätzen steckt aber noch viel mehr. Es gibt unter Leadern eine Art Kodex, der in seiner Summe den Leader erst zum echten „Frontline Leader“ macht. Genau diese neun Gesetze des geheimen Kodex möchte ich Ihnen noch an die Hand geben:

1. Einheit der Führung

Die Einheit der Führung bedeutet, dass nur einer, nämlich der Leader, eine wichtige Entscheidung trifft. In den Findungsprozess bezieht er zwar alle Leute mit ein, die Fachkompetenz haben, aber das letzte Wort hat immer er als Leader. Er sammelt Meinungen und persönliche Eindrücke von anderen, um sein eigenes Bild zu vervollständigen, und trifft dann eine Entscheidung.

Denken wir nur einmal an den vorhin genannten Feldherren Alexander den Großen: Auch dieser würde sich die Meinung seiner Berater einholen und seine Generäle befragen, welche Strategie sie bevorzugen. Dann würde er allein eine Entscheidung treffen, Gründe dafür angeben und trotzdem alle Leute – egal welcher Meinung sie waren – in den Umsetzungsprozess involvieren. Dabei ist es sehr wichtig, dass alle ihre Handlungsverantwortung wahrnehmen, auch wenn sie anderer Meinung waren.

2. Das klare Ziel

Diesen Punkt habe ich bereits erwähnt, er ist aber essenziell für das Gelingen. Wenn Sie kein klares, eindeutig definiertes und fixiertes Ziel haben, dann sind Sie wie ein Boot auf dem weiten großen Meer, das „irgendwohin“ segelt.

3. Konzentration auf das Wesentliche

Wir machen Business und nicht „busy-ness“, manche Unternehmen und Mitarbeiter scheinen das immer wieder zu vergessen. Es geht um Ergebnisse und deshalb ist es manchmal besser, sich auf wenige Prioritäten zu konzentrieren, anstatt ständig alles auf einmal zu wollen.

4. Reservenbildung

Am besten setzt man nie alle Mittel auf einmal ein, sondern hat immer eine strategische Reserve, falls an irgendeinem Punkt noch Unterstützung notwendig ist. So sparen Sie sich Ressourcen und haben trotzdem noch die Flexibilität, an Stellen nachzubauen, wo Unterstützung notwendig ist.

5. Ökonomie der Kräfte und Mittel

Kennen Sie das Pareto-Prinzip? Dieses basiert auf der wissenschaftlichen Erkenntnis, dass in einem Unternehmen 80 Prozent der Ergebnisse mit 20 Prozent des Aufwands bewerkstelligt werden. Und natürlich trifft das auch im Umkehrschluss zu, dass 20 Prozent der Ergebnisse mit 80 Prozent des Aufwands bewirkt werden.

Perfektion ist ein nie erreichbarer Zustand, von dem Sie sich lösen sollten, um Ihre Kräfte und Mittel zu schonen, denn Perfektion kostet unglaublich viel Zeit und Mittel. Gut ist gut genug.

6. Dynamik

Kommen Sie schnell zur Sache und bauen Sie Momentum auf. Entwickeln Sie in Ihrem Team eine „Tu-es-jetzt-Mentalität“ und nutzen Sie die Gunst der Stunde, ohne die Dinge auf die lange Bank zu schieben. Wenn Sie die Chance erkennen, zu handeln, dann tun Sie das auch, nicht unüberlegt oder überhastet, aber nur durch ***Handeln*** geht etwas voran.

7. Die Ungewissheit als Chance

Ein starker Führer begrüßt immer die unsicheren Zeiten, er findet es am schönsten, wenn andere Zweifel haben, und fühlt sich von den Veränderungen angespornt. Er weiß, dass jede Krise auch gleichzeitig eine Chance mit sich bringt, und weiß, dass jetzt seine Zeit gekommen ist. Denn der echte, starke Leader zeigt sich nicht, wenn alles gut läuft, sondern dann, wenn der Weg einmal hart und steinig wird.

8. Wägen und wagen

Auf diesen Prozess werde ich im nächsten Abschnitt des Buches noch einmal genauer eingehen und ihn ausführlich beschreiben. Letztendlich geht es darum, dass wir niemals spontane, unüberlegte Entscheidungen treffen, sondern immer zunächst abwägen, welche Folgen diese Entscheidung für uns haben wird.

Entscheiden Sie dabei immer mit Risikobereitschaft, aber nie mit Risikofreude!

9. Aufgaben in der Kommunikation wiederholen

Dieses Gesetz habe ich mir von meinem Mentor abgeschaut, der als General beim Militär gedient hat. Hier sind wir in einem Kommunikationsthema, das zwar auf den ersten Blick etwas unüblich erscheint, das aber in der Praxis wahre Wunder wirkt.

Vielleicht kennen Sie das Sender-Empfänger-Modell, das bedeutet, wenn einer etwas sagt, kann die Information beim anderen oft völlig anders ankommen. Wenn Sie als Leader Ihren Mitarbeitern beibringen, das Gesagte noch einmal kurz zu wiederholen, vermeiden Sie Kommunikationsprobleme. Das muss man seinen Mitarbeitern zwar antrainieren, aber wenn das in der Firma Usus ist, bleiben Ihnen viele Dinge erspart, die Ärger und Missverständnisse provozieren. Ich persönlich bin ein Freund davon, dieses System sogar an seinem Ursprung anzupacken und diese „militärische“ Umgangsform mit einem kleinen Augenzwinkern in den Firmenalltag zu integrieren.

Verschiedene Arten von Mitarbeitergesprächen

In der Führung ist es extrem wichtig, dass Sie als Leader mit Ihren Mitarbeitern regelmäßig geplante und strukturierte persönliche Gespräche führen, damit Sie Ihre Ziele erreichen und früh genug eingreifen können, falls der Mitarbeiter den von ihm geforderten Leistungsansprüchen oder seinen Zielen nicht gerecht wird.

Das klassische Jahresfeedbackgespräch

Dieses Gespräch muss immer sein und leider ist es in den meisten Firmen auch das einzige richtige Gespräch, das geführt wird. Hier bietet sich der klassische Leistungsbewertungsbogen an, auf dem der Mitarbeiter seine Beurteilung in den Bereichen Bereitschaft, Qualität, Zielerreichung etc. anhand eines Bewertungssystems von eins bis fünf schwarz auf weiß bekommt.

Um das Ganze noch einmal zu intensivieren und zu überprüfen, wie sich der Mitarbeiter selbst einschätzt, können Sie zuvor dem Mitarbeiter diesen Bogen selbst ausfüllen lassen und sich dann zusammensetzen, um Ihre Ergebnisse zu besprechen und zu vergleichen.

Dann werden die Mitarbeiter nach dieser Bewertung in die Gruppen A, B und C unterteilt, wobei die verschiedenen Gruppen Folgendes bedeuten:

- *A:* Wir können diesen Mitarbeiter befördern, ihm neue und größere Aufgaben geben und ihm mehr Verantwortung übertragen – hier haben wir einen „High Potential".

- *B:* Er ist zwar kein Überflieger, wir können den Mitarbeiter jedoch entwickeln und stellen ihm nach Möglichkeit Ausbildungsmaßnahmen zur Verfügung, um sich weiterzuentwickeln.

- *C:* Von diesem Mitarbeiter muss ich mich mittelfristig trennen, weil ich nicht erkenne, dass sich für mich eine Entwicklung lohnt. Ich erkenne, dass der Mitarbeiter – warum auch immer – das Potenzial nicht erfüllt.

Das Ziel dieses Gespräches ist, dass ich eine aktuelle Standortbestimmung, einen Karriereplan und neue Schulungsmaßnahmen für den Mitarbeiter finde. In Highclass-Unternehmen erhält der Mitarbeiter nach diesem Gespräch oft noch eine schriftliche Bestätigung dazu, also einen persönlichen A-, B- oder C-Brief, in dem alles noch einmal steht, was in Zukunft passieren wird oder soll.

Das Zielvereinbarungsgespräch

Für mich ist das Zielvereinbarungsgespräch ein essenzieller Bestandteil meiner Führungsarbeit und oft integriere ich es in das Jahresfeedbackgespräch, um gleich einen detaillierten Plan für das folgende Jahr anzufertigen.

Natürlich kann man – wie beispielsweise in der Buchhaltung – Ergebnisse nur sehr schwer messen, aber wo es beispielsweise um Umsatz geht, da funktioniert eine solche Zielvereinbarung am einfachsten.

Dabei geht es in diesem Gespräch vor allem darum, Prioritäten festzulegen und ein Maßkriterium zu finden, anhand dessen wir feststellen können, ob das Ziel erreicht wurde. Dann legen wir diese Zielvereinbarung schriftlich fest und sowohl ich als Führungskraft als auch der Mitarbeiter unterschreiben diese Vereinbarung. Anschließend brechen wir das Jahresziel auf Quartalsziele herunter und setzen uns alle 90 Tage mit dem Mitarbeiter zusammen, um zu sehen, wie die Erfüllung des Plans vorangeschritten ist.

Das Quartalsgespräch

Damit ich meine Führung noch weiter optimiere und der Mitarbeiter seine Ziele erreicht, lasse ich das unterschriebene Dokument aus dem Zielvereinbarungsgespräch in meiner Mitarbeitermappe und setze mich alle drei Monate mit meinem Mitarbeiter zusammen, um aus dem Jahresziel jeweilige Quartalsziele herauszuarbeiten.

Wo stehen wir in drei Monaten? – Das ist die große Frage, die ergänzt wird von *Was muss passieren, wie erreichen wir das Ziel und welche Aktivitäten müssen erfolgen, damit wir es schaffen?*

Diesen Plan sehe ich am Ende des Quartals an und überprüfe das Ergebnis. Dann nehme ich die Aktivitäten, sehe, was funktioniert und was nicht funktioniert, und setze aufgrund dieses Ergebnisses das zweite Quartalsziel.

In diesem Gespräch muss ich meist die Entscheidung treffen, wie wir den Aufwand und die Maßnahmen anpassen, da es nur in den seltensten Fällen dazu kommt, dass Mitarbeiter genau im Plan sind.

Das ist aber nicht schlimm, denn wenn alles immer zu hundert Prozent so läuft wie geplant, dann bräuchte die Welt keine Leader mehr …

Das situative Führungsgespräch

Meiner Meinung nach bringt es nichts, sich locker mit einem Mitarbeiter zusammenzusetzen. Grundlage für dieses Gespräch muss immer sein, dass eine klare Agenda und ein Ziel feststeht und dass die Beziehungsebene zu dem Mitarbeiter stimmt.

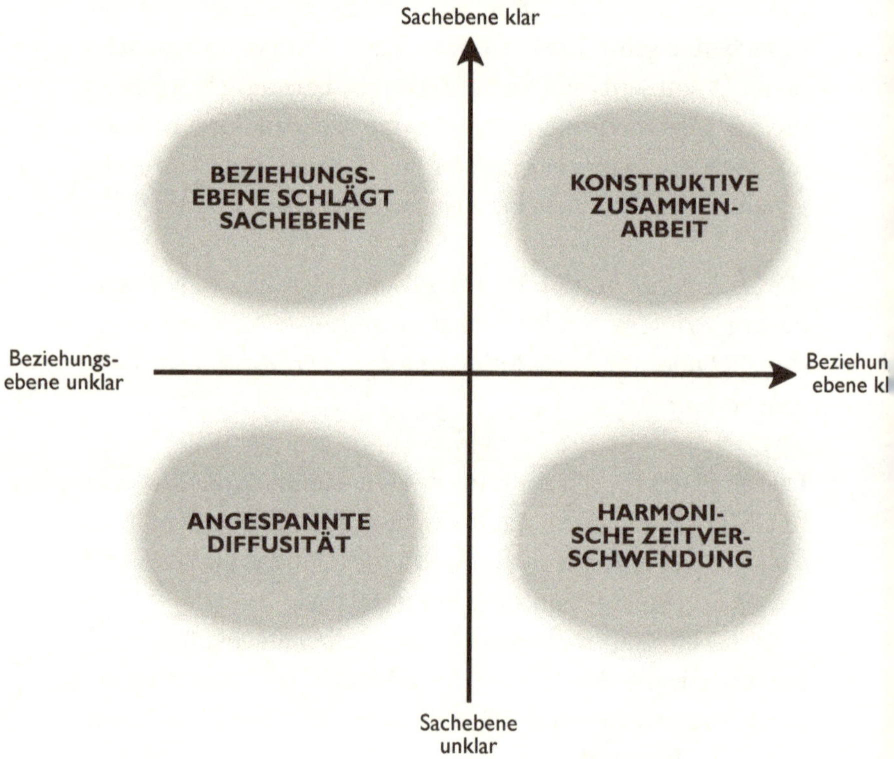

Mein Ziel ist es, dass jeder Mitarbeiter, insbesondere in der Onboardingphase, weiß, wie seine nächste Woche aussieht und welche Aktivitäten dabei von ihm zu leisten sind.

Um dieses Ziel zu erreichen, muss vor allem ich vorbereitet sein. Deshalb muss ich mir vor jedem Gespräch drei Fragen stellen: Was will ich erreichen? Welche Unterlagen brauche ich? Was will ich besprechen?

In einem solchen unregelmäßigen situativen Führungsgespräch kann ich, wenn nötig, immer darauf einwirken, dass der Plan, den ich gemacht habe, auch erfüllt wird. Dabei kann ich mir als Leader in diesem Gespräch ein genaueres Bild von der Lage machen und wenn nötig eingreifen, um das gewünschte Ergebnis zu erreichen.

Hier kann ich auch andere Punkte anbringen wie Reklamationen, das Auftreten, Führungsprobleme etc. – einfach alles, was nötig ist.

Ich finde es optimal, dieses situative Führungsgespräch zumindest alle zwei Wochen anzusetzen, je nachdem, welche Tätigkeit der Mitarbeiter übernimmt und welche Verantwortung er im Projekt hat. Wir sprechen über die Planung und Ausrichtung auf seine Ziele, machen eine Wirkungsüberprüfung und nehmen Anpassungen vor.

Bei sehr erfahrenen und selbstständig arbeitenden Mitarbeitern, die eine hohe Zielerreichungsquote haben, kann ich dieses Gespräch natürlich reduzieren und mich darauf beschränken, ein monatliches Führungsgespräch anzusetzen. Ziel dieser Gespräche ist immer, die Mitarbeiter vom Plan zum Ziel zu führen und auf dem Weg alle notwendigen Anpassungen zu machen.

Vergessen Sie niemals, Ihre Mitarbeiter zu loben und ihnen Ihre Wertschätzung zu zeigen, insbesondere dann, wenn Sie „im Ziel“ sind. Wenn Mitarbeiter ihre Aufgabe erfüllen oder sogar in höchstem Maße erfüllen, ist aufrichtiges, ehrliches Lob eines der besten Führungsinstrumente überhaupt.

Wenn der Mitarbeiter das Ziel aus den Augen verliert, dann muss ich als Führungskraft neue Lösungsansätze schaffen. Dadurch ist viel mehr möglich, als wenn ich den Mitarbeiter allein laufen lasse und hoffe, dass alles wieder ins Lot kommt.

Wenn Sie diese Gespräche einführen und konsequent mit Ihren Mitarbeitern zusammenarbeiten, werden sich Ihre Ergebnisse unglaublich verbessern.

Inspirieren Sie die Leute am Schluss eines solchen Gespräches immer, bevor Sie sie dann in die Woche entlassen.

Dabei bietet es sich je nach Persönlichkeitstyp an, eines der folgenden Dinge zu tun: das Selbstwertgefühl stärken, aufrichtiges Lob verteilen, Identifikation über das Produkt, zufriedene Kunden und Mitarbeiter herausstellen, die Firma selbst wie beispielsweise positive News übermitteln etc. Wenn es etwas Gutes gibt, dann muss ich darüber auch sprechen. Denn damit löse ich Motivation aus und bringe den Mitarbeiter positiv aus dem Gespräch heraus!

Er muss unbedingt nicht nur motiviert sein, sondern er muss sich im Klaren darüber sein, was für ihn drin ist, wenn er die Dinge so umsetzt, wie es besprochen wurde. Er muss den klaren Nutzen vor Augen haben. Als Führungskraft sollte man diesen zum Abschluss noch einmal zusammenfassen und kommunizieren.

Das beste Gespräch ist immer eine Mischung aus Persönlichkeit und Leadership – wer seine Führung am besten in ein Gespräch oder in Geschichten verpacken kann, der hat am meisten Erfolg damit.

Denken Sie daran: Träger der Information ist immer die Emotion.

Über all dem steht wieder der ***„Masterplan"***, den ich Ihnen bereits in einem der vorherigen Kapitel vorgestellt habe:

1. Kenne dein spezifisches Ergebnis.
2. Kenne deine Gründe (dein „Must").
3. Ergreife massive Handlungen nach einem konkreten, ergebnisorientierten Plan.
4. Erkenne, was du bekommst.
5. Passe den Plan an, bis du das Ziel erreicht hast!

Die meisten Menschen scheitern schon an der ersten oder zweiten Stufe und brauchen für Punkt 3 bis 5 einen Coach, weil sie meistens selbst nicht stark und motiviert genug sind, um es zu tun.

Das ist meist der ausschlaggebende Punkt, warum Dinge nicht funktionieren und Ziele verpasst werden. Die Bedeutung eines Coachs oder Trainers wird massiv unterschätzt!

Jeder Satz und jede Anweisung, die Sie an Mitarbeiter weitergeben, muss ergebnisorientiert sein. Vergeben Sie deshalb niemals Aufgaben ohne spezifisches, messbares Ergebnis.

Ich persönlich bin ein absoluter Fan davon, Mitarbeiter in allen Positionen und Abteilungen nach ihrer Leistung zu bezahlen. Und dabei meine ich nicht nur den Vertriebler oder die Leute mit Kundenkontakt, sondern wirklich ***alle.***

Bei einem provisionsgebundenen Verkäufer ist das relativ einfach, aber Sie haben in Zukunft auch die Möglichkeit, sogar bei Ihrer Buchhaltungsabteilung eine erfolgsbezogene Vergütung einzuführen. Dabei können Sie beispielsweise bestimmen, dass bis um 12 Uhr des Folgetages immer der aktuelle Tagesbericht bei Ihnen auf dem Schreibtisch liegen muss, bis zu welchem Tag die Steuererklärung abgegeben sein muss oder Ähnliches.

Ich kann Ihnen dieses Vorgehen wirklich empfehlen und ans Herz legen, weil es bei mir und bei vielen meiner Kunden extrem gut funktioniert. Und wenn Sie noch oben drauf einen Bonus legen, um die Leute für besondere Leistungen oder die Zielerreichung zu motivieren, dann haben Sie ein Team, das viel motivierter und leistungsorientierter ist als je zuvor.

Der Core-Leadership-Prozess

Im letzten Kapitel kommen wir zum Herzstück des Buches. Ich zeige Ihnen ein echtes Schlüsselelement für Ihre Aufgabe als Führungskraft.

Mit dem Core-Leadership-Prozess kommen Sie in acht Schritten zu einer schnelleren und besseren Entscheidung, um sich als Leader die Führungshoheit ihn Ihrem Team zu sichern und um in Zukunft zielsicher die richtigen Entscheidungen zu treffen.

Der Core-Leadership-Prozess ist dabei eine Methode zur planmäßigen Lösung aller Führungsanforderungen.

Denken Sie auch hier wieder daran: Der alles entscheidende Faktor für die Qualität Ihrer Führung ist das Ergebnis, und der Core-Leadership-Prozess unterstützt Sie als Denkablauf in allen Führungsebenen bei sich ständig wiederholenden Führungsaufgaben. Er ist strukturiert und systematisch aufgebaut, sodass Sie – je öfter sie ihn nutzen – immer schneller in seiner Anwendung werden.

System zur Entscheidungsfindung

Wir folgen in diesem System acht Schritten, bis wir die Entscheidung treffen:

1. Lagefeststellung

Wenn ich als Leader einen Auftrag erhalte, dann bekomme ich meistens von mir selbst oder jemand anderem eine Aufgabe. Normalerweise geht es darum, Probleme zu lösen oder Hindernisse aus dem Weg zu räumen.

Dabei machen Sie sich im Core-Leadership-Prozess zunächst ein komplett wertfreies und objektives Bild der Lage, ohne eine Wertung abzugeben.

Dann schreiben Sie ohne Emotion die Faktenlage auf und verschaffen sich wie aus der Vogelperspektive einen Überblick über die Situation.

Denken Sie dabei daran, wie die Polizei einen Unfallort besichtigt und zunächst alle Fakten und Aussagen sammelt, um sich ein möglichst detailgenaues Bild zu machen.

2. Lagebeurteilung

Im zweiten Schritt beurteilen Sie Ihren eigenen „Ist-Zustand" und bewerten anhand der gesammelten Fakten die Situation: „Wir haben zu wenig Budget, einen guten oder schlechten Markt" etc.

Hier geht es darum, die einzelnen Möglichkeiten und die gesamte Situation zu bewerten und nicht darum, eine Entscheidung zu treffen. Identifizieren Sie stattdessen Gefahren und Risiken („100 Prozent Fremdkapital, was ist das Risiko") und erkennen Sie Chancen und Möglichkeiten („Kein Eigenkapitaleinsatz bei vollem Gewinnpotenzial"). Versuchen

Sie dabei so tief ins Detail zu gehen wie möglich, damit Sie nichts vergessen, schreiben Sie alles auf und dann gehen Sie zur Beurteilung über.

3. Lösungsvarianten

In diesem Schritt erarbeiten Sie sich die verschiedenen Lösungsvarianten und strukturieren die Fakten nach den unterschiedlichen Möglichkeiten.

Hier erarbeiten Sie beispielsweise mit Ihrem Team ein Konzept, wobei Sie brainstormen und alle Optionen zusammentragen, die Ihnen ohne vorherige Bewertung einfallen.

Dabei kommen vielleicht 20 oder 30 Lösungsvarianten zusammen, die Sie alle für den nächsten Schritt der Entscheidungsfindung benötigen.

4. Entschlussvorbereitung

Nun streichen Sie zuallererst all das von Ihrer Liste der möglichen Lösungen oder Wege, was nicht durchführbar oder abwegig ist.

Wenn Sie sich mit diesem Schritt bis hierher Zeit lassen und zunächst die Faktenlage prüfen, vermeiden Sie, dass Sie Dinge sofort verurteilen, die bei genauerer Betrachtung doch Sinn ergeben.

Bevor Sie nun einen endgültigen Entschluss treffen, gehen Sie bei den einzelnen Ideen noch einmal weiter in die Tiefe.

Diese Fragen helfen Ihnen dabei, die Dinge zu sortieren:

- Was spricht für diesen Punkt, was spricht dagegen?
- Welche Chancen und Risiken bestehen für uns?

Dann reduzieren wir das Ganze auf die zwei bis drei chancenreichsten Möglichkeiten und gehen zu Schritt 5 über.

5. Die Entscheidung

Denken Sie immer daran, dass Sie als Leader allein die Entscheidung treffen!

Ein tolles Führungstool vor allem in größeren Unternehmen ist, dass Sie Ihre Mitarbeiter die Entscheidung oder das Projekt bis Schritt 3 selbstständig durchführen lassen und dann erst die Entscheidung treffen. Denn drei Möglichkeiten sind meistens besser als nur eine.

6. Umsetzung

Wenn Sie eine Entscheidung getroffen haben, dann ist es wichtig, dass Sie einen Plan dazu anfertigen, in dem Sie die entscheidenden Fragen zum Gelingen festlegen:

- *Wer?*
- *Wie?*
- *Wann?*
- *Womit?*

Was muss alles eingesetzt werden, damit das Projekt erfolgreich wird? Das kann ich auch wieder delegieren, indem ich diesen Plan an fähige Mitarbeiter weitergebe.

7. Synchronisation

Hier stimmen Sie Ihre Entscheidung mit dem Vorhandenen ab. Oft betrifft Ihre Entscheidung mehrere Beteiligte, Menschen etc. Ihre Aufgabe ist nun, das Neue in Ihre bestehende Führung zu integrieren und dafür zu sorgen, dass der Plan erfüllt wird.

8. Wirkungsüberprüfung

Die Wirkungsüberprüfung ist ein entscheidender Erfolgsfaktor für das Gelingen eines jeden Projekts.

Der Unterschied zur reinen Kontrolle besteht darin, dass es hier nicht nur um die Zahlen geht, sondern dass ich mir ein Gesamtbild der Lage mache, um eine bessere Beurteilung der Situation zu erhalten.

Die Leute sollen dabei nicht merken, dass ich sie kontrolliere, und deshalb beobachte ich einfach und sehe „in der Lage", was gerade passiert und wo ich wie etwas unternehmen muss. Wenn etwas nicht funktioniert, muss ich schnell und unkompliziert eingreifen und sehen, wo mein Plan in der Umsetzung aneckt.

Die Frage ist an dieser Stelle immer: Was muss ich tun, damit es funktioniert? Ich mache mir ein Bild der Auswirkungen und der Beteiligten, damit ich jederzeit Veränderungen in meiner Führung vornehmen kann.

Zahlen sind wichtig, aber erst die Wirkungsüberprüfung gibt mir ein Gefühl für die gesamte Lage und ist nicht nur Kontrolle und Überprüfung. Wirkungsüberprüfung bringt immer Unterstützung und Hilfe mit sich, das ist entscheidend. Dazu gehört logischerweise auch die Korrektur, der Leader sieht das aber sofort, weil er in der Lage lebt, das heißt, er hat einen ständigen Blick auf seine Leute und deren Arbeit.

Sehen wir uns dazu einmal ein kleines Beispiel an:
Der Vorstand eines Konzerns hat keine wirkliche Ahnung davon, wie es an der Basis des Unternehmens am Point of Sale, also beim Kunden, aussieht, und trifft seine Entscheidungen nur auf Basis der Zahlen, die ihm vorgelegt werden. Daraufhin stellt er fest: *Wir müssen bessere Zahlen haben!* (Vielleicht kommt Ihnen das ja bekannt vor?)

Aber diejenigen, die diese Entscheidung treffen, haben keine Ahnung. Sie wissen nicht, woran es liegen kann, was wirklich notwendig ist, wie sich die Leute fühlen und was wirklich vor Ort abgeht.

Zahlen zeigen nicht alles, und deshalb müssen Sie sich als Leader in die Lage begeben und sich ein Bild der Gesamtsituation machen, um eine wirklich gute Entscheidung zu treffen.

Angenommen wir haben uns entschieden, dass ein neues Produkt veröffentlicht und verkauft werden soll. Dafür können wir zehn Verkäufer einstellen, die direkt diese Produkte für uns verkaufen.

Die Wirkungsüberprüfung ist zwar über Zahlenmessung möglich, aber einen echten Eindruck bekomme ich erst dann, wenn ich persönlich mit zum Kunden gehe, mit den Mitarbeitern und Kunden spreche.

Dabei kann ich feststellen, wo der Knackpunkt ist. Liegt es an der mangelnden Ausbildung der Leute, beraten sie die Kunden nicht intensiv genug oder passt das Produkt nicht zu den Kundenwünschen? Wenn ich so vorgehe, dann stelle ich nicht nur fest, wie die Zahlen aussehen, sondern vor allem auch, wie sie zustande kommen.

Denken Sie daran: ***Man kann Menschen nicht durch den dunklen Wald managen, man kann sie nur führen.***

Das Frontline-Leadership-System in der Praxis

Auf meinen Seminaren und Vorträgen kommt immer wieder folgende Frage auf: „Wo und wie beginne ich, damit ich in Zukunft ein echter Frontline-Leader werde?“

Und meine Antwort darauf ist immer die gleiche: „Irgendwo! Die Hauptsache ist, Sie beginnen ***jetzt!***“

Auf den vielen Seiten, die wir jetzt zusammen verbracht haben, haben Sie unzählige Informationen, Tipps und Techniken an die Hand bekommen, die Ihnen dabei helfen werden, Ihre Führungsqualitäten und Ergebnisse zum Positiven hin zu verändern. Um nun richtig zu starten und loszulegen, ist es eine sehr gute Idee, dass Sie sich aus diesem gewaltigen Fundus das heraussuchen, was Ihnen für Ihr Geschäft am meisten relevant erscheint, und ***sofort*** damit beginnen, es umzusetzen.

Sie können auch bei aktuellen Schwächen und Problemen ansetzen, die Sie persönlich betreffen oder akut in Ihrem Fortkommen behindern.

Wenn Sie beispielsweise unzufrieden mit der bisherigen Auswahl Ihrer Mitarbeiter sind, dann gehen Sie ab heute neue Wege – die geeigneten Tools stehen Ihnen jetzt zur Verfügung!

Oder wenn Sie in der Vergangenheit des Öfteren vorschnelle oder unüberlegte Entscheidungen getroffen haben, dann schaffen Sie sich ein System, wie Sie in Zukunft persönlich den „Core-Leadership-Prozess“ für sich einsetzen werden.

Kleine Veränderungen haben oft eine große Wirkung. Sie werden überrascht sein, wie schnell und einfach die verschiedenen Techniken untereinander zusammenspielen, bis in naher Zukunft eine große, funktionierende Führungsmaschine unter und mit Ihnen entstanden ist.

Der Weg des Frontline-Leaders ist alles andere als der sprichwörtliche „Spaziergang" – aber es ist der Weg, den ich persönlich gegangen bin und der dafür gesorgt hat, dass ich in der Lage bin, ein großartiges, spannendes und aufregendes Leben zu führen. Auch Sie werden damit mehr erreichen, sich besser fühlen und an Ziele kommen, an die Sie bisher kaum zu denken wagten – wenn Sie JETZT mit der Umsetzung meines Systems beginnen.

Nachwort: Vier Dinge für Ihren Weg

Lieber Leser, wir sind nun am Ende dieses Buches angekommen und ich hoffe, dass Ihnen das Lesen genauso viel Spaß gemacht hat wie mir das Schreiben.

Ich habe den Großteil meines Lebens dem Thema Leadership gewidmet und freue mich, dass ich Ihnen in diesem Buch mein Wissen, meine Meinungen und viele praktisch anwendbare Techniken weitergeben durfte, von denen ich überzeugt bin, dass sie Ihnen in Zukunft außergewöhnliche Ergebnisse bringen werden.

Für mich ist Frontline Leadership nicht nur ein Führungssystem, sondern eine Lebenseinstellung, der ich in meinem Leben alles zu verdanken habe, was ich je erreicht habe.

Wenn Sie die in diesem Buch aufgeführten Ratschläge und Tipps für sich umsetzen, dann bin ich mir sicher, dass auch in Ihrem Leben viel Positives passieren wird, und das weit über die Grenzen Ihres beruflichen Tuns hinaus.

Doch bevor ich mich von Ihnen verabschiede, möchte ich Ihnen noch vier Dinge mit auf den Weg geben:

1. **Niemand ist perfekt!** Beginnen Sie jetzt sofort, die Dinge für sich umzusetzen, starten Sie mit Ihrem eigenen Frontline Leadership und schieben Sie für einige Zeit alle Gedanken an Fehler oder an ein Scheitern beiseite. Auch ich habe nicht immer alles richtig gemacht, sondern so ziemlich jeden Fehler gemacht, den man überhaupt machen kann. Und genau deshalb kann ich heute auch darüber sprechen.

2. **Gut Ding will Weile haben!** Alles braucht einen Prozess der niemals endenden Verbesserung, also des „constant and never ending improvement“. Bleiben Sie niemals stehen, probieren Sie neue Dinge aus und passen Sie sich ständig den Veränderungen und neuen Dingen an. Denn die Welt gehört nicht den Stärkeren, sondern denen, die sich am besten an neue Gegebenheiten anpassen können.

3. **Modelling of excellence:** Suchen Sie sich Vorbilder, deren Beispiel Sie folgen und von denen Sie lernen können. Das Beste selbst zu finden, ist meist unmöglich und deshalb bietet es sich an, den Besten in Ihrer Branche zu finden und dann zu sehen, was diese Leute tun und wie sie handeln. Das heißt nicht, dass Sie diese Leute kopieren oder nachahmen sollen, sondern finden Sie einfach heraus, was funktioniert, und nutzen Sie das dann für sich selbst, um schneller und besser voranzukommen.

4. **Bleiben Sie ehrlich – vor allem zu sich selbst.** Viele Leute lesen ein Buch oder besuchen ein Seminar, um dann im Anschluss zu sagen: „Das kenne ich schon“ oder „Das hab ich schon einmal gehört“. Es zählt im Leben aber nicht, was ich kenne oder weiß, sondern das, was ich tue. Taten sprechen mehr als nur Worte, und der Frontline Leader zeichnet sich dadurch aus, dass er weniger redet und mehr handelt, damit andere seinem Beispiel folgen. In diesem Tun unterscheidet er sich von einem Großteil der Menschen. Tun Sie das, was Sie wissen, und setzen Sie die Dinge um, dann gehört die Welt Ihnen!

Damit bleibt mir nur noch, mich von Ihnen zu verabschieden und Ihnen zu gratulieren. Ab heute haben Sie eines der fortschrittlichsten Führungssysteme der Welt an der Hand, mit dem Sie Ihre Zukunft neu gestalten können.

Dabei wünsche ich Ihnen viel Spaß, Freude und vor allem Erfolg.

Ihr Harald Psaridis

Es gibt viele Wege zum Erfolg, man kann aber nur einen gehen. Wie für die Besteigung des Mount Everest können Sie auch für Ihren Leadership verschiedene Routen wählen, die Sie zum Erfolg führen.

Ich verdanke „Frontline Leadership" meinen gesamten Erfolg und bin mir sicher, dass es auch eine Route für den Ihren sein kann.

„Nicht der Wind bestimmt den Kurs, wohin Sie segeln, nur die Segel, die Sie setzen!“

Weiterführende Infos:

Als Käufer dieses Buches erhalten Sie kostenlosen Zugang zum Downloadbereich der Speaker-Website des Autors, wo Sie Zusatzinfos, Praxistipps und Checklisten zum Buch finden (der Zugangscode lautet: „leadermacher“).

Informationen und Anfragemöglichkeiten zu Vorträgen zum Thema „Leadership“ finden Sie auf der Speaker-Website:
www.harald-psaridis.com

Informationen zu Seminaren und Coachings finden Sie bei der Akademie für Verkäufer und Vertriebsführungskräfte:
www.leadership-company.at

Firmen-Auflagen:

Bestellen Sie dieses Buch als Geschenk für Ihre Kunden oder Mitarbeiter mit eigenem Firmeneindruck und Logo. Bereits ab 500 Exemplaren. Anfragen unter:

Midas Verlag AG
Corporate Publishing, Dunantstrasse 3, CH 8044 Zürich
E-Mail: kontakt@midas.ch, Tel 0041 44 242 61 02
www.midas.ch